Technik im Fokus

Die Buchreihe Technik im Fokus bringt kompakte, gut verständliche Einführungen in ein aktuelles Technik-Thema.
Jedes Buch konzentriert sich auf die wesentlichen Grundlagen, die Anwendungen der Technologien anhand ausgewählter Beispiele und die absehbaren Trends.
Es bietet klare Übersichten, Daten und Fakten sowie gezielte Literaturhinweise für die weitergehende Lektüre.

Frank-Michael Dittes

Optimierung

Wie man aus allem das Beste macht

2. Auflage

 Springer

Frank-Michael Dittes
Fachbereich Ingenieurwissenschaften
Hochschule Nordhausen
Nordhausen, Deutschland

ISSN 2194-0770   ISSN 2194-0789 (electronic)
Technik im Fokus
ISBN 978-3-662-64905-3   ISBN 978-3-662-64906-0 (eBook)
https://doi.org/10.1007/978-3-662-64906-0

Die Deutsche Nationalbibliothek verzeichnet diese Publikation in der Deutschen Nationalbibliografie; detaillierte bibliografische Daten sind im Internet über http://dnb.d-nb.de abrufbar.

Springer

Lektorat/Planung: Michael Kottusch
Springer ist ein Imprint der eingetragenen Gesellschaft Springer-Verlag GmbH, DE und ist ein Teil von Springer Nature.
Die Anschrift der Gesellschaft ist: Heidelberger Platz 3, 14197 Berlin, Germany

Vorwort zur 2., überarbeiteten und erweiterten Auflage

Fast sieben Jahre sind seit der ersten Auflage dieses Buches vergangen. Anhand zahlreicher Beispiele aus verschiedenen Bereichen des Alltags, aus Technik und Naturwissenschaft hatte ich gezeigt, wie man optimale Lösungen findet und so – mit ein bisschen Glück – das Beste aus allem machen kann. Wir hatten gemeinsam Dame gespielt, Plätzchen gebacken und Koffer gepackt. Aber auch ernsthafte Probleme wie die Gestaltung von Energienetzen oder die Vorhersage der globalen Erwärmung kamen unter dem Blickwinkel der Optimierung zur Sprache.

Alle damals beschriebenen Verfahren zum Finden optimaler Lösungen sind natürlich auch heute noch gültig und deshalb auch in dieser Auflage enthalten. Mehr noch, die Bedeutung guter Lösungen für komplexe Probleme ist sogar gewachsen – und damit auch die Rolle der Optimierungsalgorithmen. Erweitert haben sich zudem die Möglichkeiten ihrer Anwendung – in erster Linie durch die stetige Entwicklung der Rechentechnik: Während ich in der ersten Auflage 2015 noch vom chinesischen Tianhe-2 als schnellstem Rechner der Welt schwärmte, hat sich die Rechenleistung der Top-Supercomputer seitdem mehr als verzehnfacht: Zur Zeit hat der japanische Fugaku mit 442 Billiarden (!) Operationen pro Sekunde die Nase vorn, für 2022 sind mehrere Rechner angekündigt, die eine weitere Verdopplung mit sich bringen und in den „ExaFLOP"-Bereich mit über einer Trillion Operationen in der Sekunde vordringen.

Dadurch konnten viele akademische Probleme weiterverfolgt werden, sei es das Aufspüren immer größerer Primzahlen oder – um ein im Buch behandeltes Beispiel zu nennen – das N-Damen-Problem, s. Kap. 2. Noch wichtiger, auch abseits solcher „Spielereien" hat sich viel getan: Die Entwicklungen, ja geradezu die Durchbrüche auf dem Gebiet der künstlichen Intelligenz mit ihren unabsehbaren Anwendungsmöglichkeiten – von der Gesichtserkennung über das autonome Fahren bis zum Design neuer Materialien – haben die vergangenen Jahre geprägt. In der Neuauflage greife ich diese Thematik in Abschn. 4.4 auf und gehe auf die Grundlagen künstlicher Neuronaler Netze und die damit verbundenen Optimierungsstrategien ein.

Nicht nur im Bereich der Supercomputer ist die Entwicklung rasant vorangeschritten. Cloud-Computing hat mittlerweile praktisch unbegrenzte Rechenleistung für alle zugänglich gemacht, Grafik-Prozessoren verwandeln auch normale Personalcomputer in leistungsfähige Rechner, auf denen realistische Optimierungsaufgaben gelöst werden können. Die nächste Beschleunigungsrunde der Rechenleistung zeichnet sich mit der Entwicklung der Quantencomputer bereits ab, eine kurze Einführung in die damit verbundenen Optimierungsalgorithmen habe ich deshalb als Abschn. 5.7 aufgenommen.

Aktualisierungen betreffen alle Beispiele, die auf realen Daten fußen. Insbesondere die Abbildungen zur Standort- und Netzplanung für deutsche Großstädte sind auf den aktuellen Stand der Datenbasis gebracht worden – die wesentlichen Aussagen der entsprechenden Kapitel verändern sich dadurch jedoch nicht. Anders sieht es mit der Extrapolation der Temperaturentwicklung aus: Die neu hinzugekommenen Datenpunkte lassen leider noch weniger Raum für optimistische Prognosen …

An verschiedenen Stellen habe ich die Darlegungen etwas erweitert und, wie ich hoffe, dadurch verständlicher gemacht. Nach wie vor hält sich das Buch dabei an die Maxime, ohne mathematische Formeln auszukommen und trotzdem die wesentlichen Aspekte der behandelten Methoden und Anwendungsfälle korrekt widerzugeben. Mehr Raum haben auch die Bildunterschriften erhalten, sodass die Abbildungen auch ohne Heraussuchen der zugehörigen Textpassage detailliertere Informationen liefern. Darüber hinaus war ich bestrebt vereinzelte Druckfehler auszumerzen und hoffe, dass auch keine neuen hinzugekommen sind.

Betrachten Sie also die Neuauflage als verbesserte Handreichung, in allen Lebenssituationen die vorhandenen Optimierungspotenziale aufzuspüren und zu nutzen und so aus allem das Beste zu machen. Ich freue mich auf unsere gemeinsame Reise durch das Reich der Optimierung!

Erfurt, Deutschland   Frank-Michael Dittes
November 2021

Inhaltsverzeichnis

Und immer lockt das Bessere: eine Einführung

1

Zusammenfassung

Was ist Optimierung? Welche Optimierungsprobleme begegnen uns im täglichen Leben und wie können wir sie lösen? Welche Randbedingungen müssen wir beachten? Und was wollen wir überhaupt? Das vorliegende Kapitel stellt den „Fahrplan" zur Beantwortung dieser Fragen vor und erörtert dazu zunächst verschiedene Facetten des Begriffs „Optimierung".

„Aus allem das Beste machen" – das klingt wie „Glücklich in sieben Tagen", „Schlank ohne Hungern" oder „Fit ohne Anstrengung" – noch so ein Ratgeber? werden Sie fragen. Nein, das soll dieses Buch bestimmt nicht sein. Es möchte stattdessen auf die vielfältigen Optimierungsprobleme aufmerksam machen, die uns im täglichen Leben begegnen, und ein paar nützliche Strategien zu ihrer Lösung vorstellen.

Schauen Sie einmal nach, was das Internet auf „die Suche nach dem Besten" antwortet, und zwar bei *wortwörtlicher* Eingabe: Über hunderttausend Einträge, und was da nicht alles gesucht wird! An erster Stelle natürlich die schönste Sache der Welt, diese Suche schwappt ja auch ständig durch alle Medien. Aber dann: Kredite, Tickets, Ärzte, Veggie-Burger …. Und endlich kommt

© Springer-Verlag GmbH Deutschland, ein Teil von Springer Nature 2022
F.-M. Dittes, *Optimierung*, Technik im Fokus,
https://doi.org/10.1007/978-3-662-64906-0_1

ein technisches Problem: die Suche nach dem besten Standort eines Funkmasts – wir werden uns schon im nächsten Kapitel damit beschäftigen. Dann folgen Eis, Döner, Nachfolger und die Suche nach dem – man höre und staune – besten Leben!

Versuchen wir es also etwas systematischer: Optimieren, vom lateinischen „optimae" (besser), bezeichnet zunächst nichts weiter als den Vorgang der Verbesserung einer Sache oder eines Prozesses. Dies kann *reale* Vorgänge betreffen: ein Geschäftsablauf wird optimiert, die Anordnung von Bauteilen verbessert usw. Aber auch *ideelle* Prozesse werden als Optimierung bezeichnet: Die Suche nach der besten Lösung findet dann zunächst auf dem Papier oder am Computer statt und wird erst anschließend in die Praxis umgesetzt.

Das Ziel der Optimierung besteht allerdings nicht einfach in der *Verbesserung*, nein: Das *Beste* soll gefunden werden! Die Lösung eines Problems heißt folglich erst dann optimal, wenn es keine bessere gibt. Aber was bedeutet das? Die Beste für *wen*? *Was* soll eigentlich optimiert werden, welches Ziel wird verfolgt? Auch ist das Beste immer im zeitlichen Kontext zu sehen: Was heute gut ist, kann morgen in einem ganz anderen Licht erscheinen.

Und was heißt eigentlich, „es gibt keine bessere Lösung"? Unter welchen Voraussetzungen, mit welchen Veränderungsmöglichkeiten, verglichen womit? „Frau Königin, Ihr seid die Schönste allhier, aber Schneewittchen, hinter den sieben Bergen, bei den sieben Zwergen, ist noch tausendmal schöner als Ihr" heißt es nicht von ungefähr schon in Grimms Märchen auf die Frage nach dem optimalen Aussehen [1].

Der wissenschaftliche Zugang zur Optimierung erfordert daher einerseits die detaillierte Beschreibung des zu optimierenden *Systems* und eventueller *Randbedingungen*, denen es unterworfen ist. Andererseits muss klar definiert sein, welche Größe optimiert werden soll, welches *Ziel* also verfolgt wird.

Ein Optimierungsproblem liegt vor, sobald es für eine Aufgabe mehr als eine Lösungsmöglichkeit gibt. Um die optimale Lösung finden zu können, müssen die verschiedenen Varianten dabei *bewertbar* sein. Man muss also jeder denkbaren Lösung einen Wert, d. h. eine Zahl zuordnen können. Das klingt trivial, ist es aber nicht. Schon bei der einfachen Ja-Nein-Frage „Wollen Sie den hier anwesenden Herrn … heiraten?" kommen einem sofort *mehrere* Bewertungskriterien in den Sinn. Und häufig zeigt sich erst nach langer Zeit, was die optimale Antwort gewesen wäre. Völlig befremdlich erscheinen die „alternativlosen" Lösungen, von denen manche Politiker und Politikerinnen gern sprechen – gerade so als gäbe es nichts zu optimieren! Es steht zu befürchten, dass die umgesetzte Lösung dann nicht sonderlich gut, geschweige denn optimal ist.

Doch *wie* optimiert man eigentlich? Warum ist es augenscheinlich oft so kompliziert, das Beste zu finden? Warum geht es – selbst bei aller Anstrengung – häufig nicht so gut, wie man es sich wünschen würde? Welche *Entscheidungen* müssen getroffen werden, um zur optimalen Lösung vorzudringen? Ein Großteil des Buches ist der Beantwortung dieser Fragen und der Beschreibung der entsprechenden Verfahren gewidmet.

Hauptaugenmerk liegt dabei auf der Optimierung von Systemen, mit denen ein *Gesamtziel* verfolgt wird: Wir wollen die kürzeste Rundreise finden oder das optimale Layout einer Leiterplatte bestimmen, einen Koffer oder Rucksack bestmöglich packen und das Frustrationspotenzial einer Dreiecksbeziehung abschätzen. Dass diese Systeme aus Einzelteilen oder Komponenten bestehen, ist dabei nur insofern von Interesse, als deren Anordnung variiert werden kann.

Optimierung spielt nicht nur in Naturwissenschaft und Technik eine herausragende Rolle. Aus den Wirtschaftswissenschaften kommt die Bezeichnung „Operations Research" für weite Gebiete der Optimierungstheorie. Typischerweise zielt diese Forschung auf die Minimierung von Kosten bzw. die Maximierung des Profits.

Auch die Sozialwissenschaften widmen sich der Thematik. Allerdings wird dabei die Rolle des *Individuums* betont und eine Optimierung bezüglich der Interessen des Einzelnen in den Mittelpunkt gestellt. Die Definition eines Gesamtziels scheint in diesem Fall unmöglich zu sein, auch wenn Slogans wie „blühende Landschaften" oder „Wohlstand für alle" das suggerieren wollen. Ob und auf welche Weise der individualistische Zugang vielleicht doch mit dem systemischen zusammenpasst, wird uns in Abschn. 5.6 beschäftigen.

Schließlich spielt Optimierung eine wichtige Rolle im täglichen Leben. In den folgenden Kapiteln werden dazu verschiedenste Beispiele betrachtet, und schon der gemeinsame Wort-stamm von Optimieren und *Optimismus* sollte uns fröhlich stimmen. Letzterer hat als Lebensauffassung ja auch zum Inhalt, dass alles bestens ist – oder zumindest schon gut gehen wird.

Suchen Sie sich also eine optimale Leseposition und lassen Sie sich mitnehmen auf einen unterhaltsamen Spaziergang durch die Welt der Optimierung. Auf unserer Reise werden wir in Kap. 2 anhand zweier Beispiele die wesentlichen Begriffe kennenlernen, die bei der Optimierung komplexer Systeme auftreten. Die Dis-kussion in Kap. 3 verallgemeinert diese Begriffe und legt damit die Grundlage für die systematische Beschreibung von Optimie-rungsproblemen. Darauf aufbauend werden verschiedenste Lö-sungsansätze beschrieben: In Kap. 4 geht es zunächst um Situati-onen, in denen ein deterministisches Vorgehen möglich ist. Ausführlich werden anschließend zufallsbasierte Verfahren vor-gestellt (Kap. 5). Die Kap. 6 und 7 sind der Analyse wichtiger Anwendungsfälle – *Routen- und Abfolgeplanungen* sowie *Pa-ckungsproblemen* – gewidmet und streifen dabei den Zusammen-hang zwischen Optimalität und Komplexität. Kap. 8 beginnt mit einer scheinbaren Abschweifung vom Thema, zeigt dann aber, dass die *Frustration* eines Zustands das universelle Maß für des-sen Abstand vom Optimum liefert. Mit einer Betrachtung zu den Besonderheiten der Optimierung beim Verfolgen *mehrerer* Ziele beschäftigt sich danach Kap. 9, bevor eine (fast) philosophische Betrachtung das Buch abschließt.

Ich wünsche Ihnen viel Vergnügen!

„Und immer lockt …“ ist ein beliebter Titel von Gedichten oder Filmen. Gewöhnlich lockt dabei „das Weib“, s. z. B. [2], was ja nicht im Widerspruch zum „Besseren“ stehen muss.

Literatur

1. Grimm J, Grimm W (2009) Die Kinder- und Hausmärchen der Brüder Grimm. Beltz Der Kinderbuch Verlag, Weinheim
2. Vadim R (Regie) (1956) Frankreich

Hier stehe ich: Standortprobleme

2

Zusammenfassung

Anhand zweier Beispiele werden in diesem Kapitel typische Begriffe und Zusammenhänge der Optimierung komplexer Systeme eingeführt. Dabei wird zunächst ein Problem der diskreten Optimierung behandelt, danach ein kontinuierliches. Der dritte Abschnitt ist schließlich dem Einfluss von Nebenbedingungen auf die Lösungsfindung gewidmet.

2.1 Spielerisch zum Optimum: das N-Damen-Problem

Kennen Sie das N-Damen-Problem? Ich meine das auf einem Schachbrett oder einem Stück karierten Papiers. Seine Formulierung ist an Einfachheit kaum zu überbieten, und doch weist das Problem schon alle Merkmale auf, die wir auch bei komplexeren Optimierungsproblemen antreffen werden.

Die Aufgabe besteht darin, auf einem gewöhnlichen Schachbrett eine Anzahl von Damen aufzustellen. Die Damen sind aber nicht gut drauf und wollen sich gegenseitig nicht sehen. Weder horizontal noch vertikal sollen in einer Zeile also zwei oder mehr Damen stehen, dasselbe soll für jede beliebige Diagonale gelten. Die Schachspieler nennen die „Zeilen" übrigens Reihen bzw. Linien, und statt „sehen" würden sie wohl eher von „schlagen" sprechen.

© Springer-Verlag GmbH Deutschland, ein Teil von Springer Nature 2022
F.-M. Dittes, *Optimierung*, Technik im Fokus,
https://doi.org/10.1007/978-3-662-64906-0_2

Man kann zeigen, dass auf diese Weise auf einem normalen Schachbrett mit 8 Reihen und 8 Linien acht Damen untergebracht werden können. Mehr ist sicherlich nicht möglich, da die ersten acht Damen bereits alle Reihen belegen würden und für die neunte Dame keine Aufstellmöglichkeit mehr gegeben wäre. Und *dass* 8 Damen auf das Feld passen – das ist eben genau der Inhalt des Problems. Analog zum 8-Damen-Problem kann man natürlich auch die Aufstellung von beliebig vielen, eben N, Damen auf einem NxN-Feld untersuchen, und schon haben Sie das N-Damen-Problem. Sie können das gern auf kariertem Papier mit Münzen oder anderen Spielsteinen nachstellen.

Abgesehen vom trivialen Fall N = 1, bei dem *eine* Dame auf einem 1x1-Feld steht und einfach niemand da ist, den sie schlagen kann, hat das Problem erst ab N = 4 eine Lösung. In der Tat, auf einem 2x2-Feld ist es unmöglich, zwei Damen so aufzustellen, dass sie nicht entweder in ein und derselben Reihe oder auf ein und derselben Linie oder beide auf einer der zwei Diagonalen stehen. Auch für N = 3 kann man leicht nachprüfen, dass es keine Stellung gibt, in der sich nicht mindestens 2 Damen schlagen können. Aber mit 4 Damen geht's – ein Umstand, der in der Realität schon hinreichend schwierig zu bewerkstelligen ist; es gibt sogar zwei Lösungen, die durch Spiegelung an einer der Achsen des Spielfelds auseinander hervorgehen (s. Abb. 2.1)!

a   b

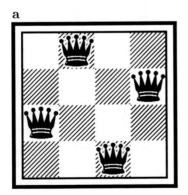 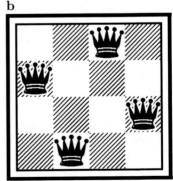

Abb. 2.1 Die Lösungen des 4-Damen-Problems

Mit zunehmender Größe des Spielfelds steigt die Anzahl der Lösungen rasch an: Für N = 5 gibt es 10 zulässige Aufstellungen, im Fall des normalen Schachbretts, d. h. für N = 8, bereits 92, einige davon sind in Abb. 2.2 dargestellt.

Danach wird es allerdings immer unübersichtlicher. Zu Hilfe kommt einem bei der Lösungssuche allenfalls, dass es mit zunehmendem N immer mehr unterschiedliche Anordnungen gibt, bei denen sich die Damen nicht gegenseitig schlagen können. Die Mathematiker haben in ihrem unendlichen Spieltrieb die Anzahl derartiger Konfigurationen gegenwärtig bis zu N = 27 bestimmt – auf einem solchen „Brett" gibt es sage und schreibe 234.907.967.154.122.528, d. h. mehr als 200 Billiarden verschiedene Lösungen, s. Tab. 2.1!

▶ N! (sprich „N Fakultät"): Produkt aller natürlichen Zahlen von 1 bis N. Z. B. ist 5! = 1 · 2 · 3 · 4 · 5 = 120.

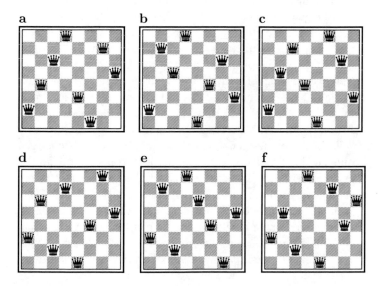

Abb. 2.2 Einige Lösungen des 8-Damen-Problems

Tab. 2.1 Lösungen des N-Damen-Problems, nach [1]

N	Anzahl möglicher Konfigurationen	Anzahl der Lösungen	Anteil der Lösungen an der Menge aller Konfigurationen
4	1820	2	0,1 %
8	$4{,}426 \cdot 10^9$	92	$2 \cdot 10^{-6}$ %
12	$1{,}036 \cdot 10^{17}$	14.200	$1 \cdot 10^{-11}$ %
16	$1{,}008 \cdot 10^{25}$	14.772.512	$1 \cdot 10^{-16}$ %
20	$2{,}788 \cdot 10^{33}$	39.029.188.884	$1 \cdot 10^{-21}$ %
24	$1{,}764 \cdot 10^{42}$	227.514.171.973.736	$1 \cdot 10^{-26}$ %
27	$1{,}109 \cdot 10^{49}$	234.907.967.154.122.528	$2 \cdot 10^{-30}$ %

Das N-Damen-Problem scheint in diesem Sinne „leicht" zu sein: Wo es so viele Lösungen gibt, da muss sich doch ziemlich einfach wenigstens *eine* davon finden lassen. Aber, oh weh, die Lösungen des Problems sind in einer noch viel schneller wachsenden Menge an *möglichen* Konfigurationen, d. h. an möglichen Aufstellungen der Damen, versteckt: Da ein NxN-Brett N^2 Felder hat, kann man der ersten Dame N^2 verschiedene Positionen geben, der zweiten dann noch $N^2 - 1$, der dritten $N^2 - 2$ usw. bis zur letzten, die auf ein beliebiges der dann noch freien $N^2 - N + 1$ Felder gestellt werden kann. Da die Damen ununterscheidbar sind, muss man die sich so ergebende Zahl zwar noch durch N! teilen. Trotzdem bleibt die in Tab. 2.1 angegebene, schier unüberschaubare Zahl von möglichen Konfigurationen übrig.

Wie in dieser riesigen Menge von möglichen Aufstellungen Lösungen des Problems gefunden werden können, soll uns in Kap. 5 beschäftigen. Zunächst wollen wir das N-Damen-Problem aber unter dem Blickwinkel der Optimierung betrachten. Dazu ordnen wir jeder denkbaren Aufstellung eine Zahl zu, die angibt, wie viele der Damen eine andere schlagen können. Mehr noch, wenn eine Dame *mehrere* andere Damen schlagen kann, dann bringt sie entsprechend *mehrere* Punkte in die Bewertung ein – und zwar genau so viele, wie sie Damen schlagen könnte. Abb. 2.3 zeigt einige Konfigurationen mit 4 Damen auf einem 4x4-Spielfeld (dass einige der Damen weiß sind, soll uns im Augenblick nicht interessieren), weitere Beispiele enthält Abb. 3.4.

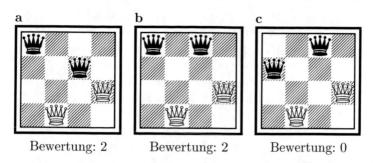

Bewertung: 2   Bewertung: 2   Bewertung: 0

Abb. 2.3 Drei Konfigurationen des 4-Damen-Problems. Die Bewertung gibt an, wieviele der Damen eine andere schlagen können

Jede Aufstellung der Damen erhält auf diese Weise eine bestimmte Bewertung. Lösungen des Problems stellen solche Anordnungen dar, die die Bewertung „0" haben und das Ziel der Optimierung besteht darin, mindestens eine Konfiguration mit dieser minimalen Bewertung zu finden.

2.2   Bring es auf den Punkt: Deutschlands Mitte

Kehren wir nun vom Schachbrett in die reale Welt zurück. Auch hier stellt sich oft die Frage nach der optimalen Aufstellung. Haben Sie sich nicht auch schon mal gewünscht, an einer anderen Stelle zu stehen? Sei es im Fußballstadion, beim Silvesterfeuerwerk oder allgemein im Leben? Oder nicht Sie, sondern der nächste Supermarkt, die nächste Postfiliale oder auch das nächste Windrad? Anliegen dieser Art werden als *Standortprobleme* bezeichnet und bilden eine große Klasse von Optimierungsaufgaben.

In ihnen geht es generell um die Festlegung der Lage eines oder mehrerer Objekte. Die Wechselbeziehungen der Objekte untereinander werden dabei als bekannt angenommen und ihre Lage soll so festgelegt werden, dass ein bestimmtes *Ziel* erreicht wird. Denken Sie an die Positionierung von Bauelementen auf einem Mikro-Chip, die möglichst kostengünstig miteinander verbunden werden sollen, ohne sich gegenseitig zu stören. Oder an den Funkmast, von dem in der Einleitung die Rede war und der so aufgestellt werden muss, dass er möglichst viele Endverbraucher erreicht.

Als Beispiel wird im Folgenden untersucht, wie man eine Anlage, z. B. ein Kraftwerk, so aufstellen kann, dass es genau in der Mitte Deutschlands steht. Das ist nun allerdings zunächst eine Frage der Definition – „Mitte" ist ein reichlich unscharfer Begriff und gleich mehrere Gemeinden erheben Anspruch auf den Titel „Mittelpunkt des Landes" [2].

So kann man als „Mitte" den Mittelpunkt des Rechtecks auffassen, in das man Deutschland auf einer Landkarte einfassen könnte. Man nimmt also die geografische Breite des nördlichsten Punkts (bei List auf Sylt) und die des südlichsten (in der Nähe von Oberstdorf) und mittelt die beiden Werte. Genauso verfährt man mit der Länge des westlichsten (bei Isenbruch in Nordrhein-Westfalen) und des östlichsten im sächsischen Neißeaue. Die so definierte Mitte liegt in der Nähe von Niederdorla in Thüringen. Oder man verbindet den nördlichsten mit dem südlichsten Punkt sowie den westlichsten mit dem östlichsten und betrachtet den Schnittpunkt dieser beiden Linien als sinnvollen Mittelpunkt. Das liefert nicht ganz genau dasselbe wie die Rechteck-Methode und verschiebt den Mittelpunkt ins hessische Besse.

Etwas gewöhnungsbedürftig ist die Methode, Deutschland aus Pappe auszuschneiden (verkleinert natürlich) und dann den Schwerpunkt dieses Gebildes im wahrsten Sinne des Wortes auszubalancieren. Dadurch ergeben sich gleich mehrere neue Mittelpunkte – je nachdem, ob man nur die Landmasse nimmt oder auch die zum Staatsgebiet gehörenden Seegebiete der Nord- und Ostsee. Oder ob man der Norddeutschen Tiefebene das gleiche Gewicht zugesteht wie den bayerischen Alpen oder nicht usw. usf.

Im Kontext dieses Buches ist aber folgende Definition der „Mitte" besonders interessant: Als Mittelpunkt Deutschlands wird *der* Punkt bezeichnet, der den kleinstmöglichen Abstand zur Staatsgrenze hat. Natürlich hat jeder Punkt *auf* der Grenze den kleinsten denkbaren Abstand von ihr, nämlich Null. Gemeint ist aber nicht diese Null, sondern die Summe der Abstände zu *allen* Punkten auf der Grenze – der sog. *summare Abstand*. Zur praktischen Durchführung verteilt man ca. 400 Punkte gleichmäßig auf der Grenze, berechnet den Abstand eines jeden dieser Punkte – und danach ihre Summe – zu allen Punkten im Inneren des Landes. So verfährt man, bis man den Punkt mit der geringsten Abstandssumme gefunden hat – er liegt übrigens in der grünen Mitte Deutschlands, nicht weit entfernt von meiner Hochschulstadt, Nordhausen, die darum auch gern mit dem Slogan der „neuen Mitte" wirbt. In Wahrheit geht man natürlich wesentlich geschickter vor, aber das ist schon Gegenstand der Optimierungsalgorithmen, denen dieses Buch gewidmet ist.

Zugegeben, die Methode ist etwas unhandlich – verglichen mit der Bestimmung des Schnittpunkts zweier Geraden, aber das ist die Ausschneide- und Balanciermethode ja schließlich auch. Sie hat aber den großen Vorteil, die Bestimmung der Mitte als *Optimierungsproblem* aufzufassen: Wir berechnen die uns interessierende Größe für alle denkbaren Lagen und bestimmen dann die Lage, für die diese Größe minimal ist – fertig. Wenn es gelingt, effiziente Verfahren zur Bestimmung *dieses* Minimums zu finden, dann lassen sich damit sicher auch andere Optimierungsprobleme gut lösen.

Eine solche Übertragbarkeit kann keine der anderen oben genannten Definitionen bieten. In der Tat, das Verbinden des östlichsten mit dem westlichsten und des nördlichsten mit dem südlichsten Punkt stellt eine *konkrete* Konstruktionsvorschrift dar. Sie erlaubt zwar, die Antwort auf die *konkrete* Frage nach der Mitte zu finden. Für ein anderes Problem müssten wir aber eine andere Vorschrift angeben, und für unendlich viele Probleme unendlich viele Vorschriften – das ist nicht sehr hilfreich für die Suche nach allgemeingültigen Optimierungsalgorithmen. Und das Ausschneiden und anschließende Ausbalancieren lässt sich sicher auch nicht ohne Weiteres auf andere Probleme übertragen.

Kehren wir zurück zur Frage nach der optimalen Aufstellung unserer Anlage. Dazu modifizieren wir die Definition der Mitte ein klein wenig und blenden den Bezug zur Staatsgrenze für einen Augenblick aus – er war doch eher etwas für Grenzschützer gewesen. Wir bezeichnen die Anlage als *in der Mitte stehend*, wenn die Summe der Abstände zu allen beteiligten *Abnehmern* möglichst klein ist. Und um das Problem fassbar zu lassen, sollen nicht gleich alle rund 83 Millionen Abnehmer von Strom, Wärme oder Funksignalen in Deutschland betrachtet werden. Stattdessen beschränken wir uns auf die 40 größten Städte. Das sind genau die, die mit Stand vom 31.12.2020 mehr als 200.000 Einwohner hatten. Zweiundzwanzig davon haben sogar über 300.000! Da wir auf sie im Laufe des Buches noch des Öfteren zu sprechen kommen, sind sie zusammen mit ihren Koordinaten in Tab. 2.2 aufgeführt.

Und auch die nächstkleineren 18 Städte werden in unseren Betrachtungen eine Rolle spielen, deshalb seien sie hier mit genannt: Sortiert nach abnehmender Einwohnerzahl handelt es sich um Augsburg, Wiesbaden, Mönchengladbach, Gelsenkirchen, Aachen, Braunschweig, Kiel, Chemnitz, Halle an der Saale, Magdeburg,

Tab. 2.2 Die 22 größten Städte Deutschlands mit Einwohnerzahl [3] und Lage [4]

Rang	Stadt	Einwohnerzahl	Geograf. Länge in Grad	Geograf. Breite in Grad
1	Berlin	3.664.088	13,389	52,517
2	Hamburg	1.852.478	10,001	53,550
3	München	1.488.202	11,575	48,137
4	Köln	1.083.498	6,960	50,938
5	Frankfurt am Main	764.104	8,681	50,111
6	Stuttgart	630.305	9,180	48,778
7	Düsseldorf	620.523	6,776	51,225
8	Leipzig	597.493	12,375	51,341
9	Dortmund	587.696	7,465	51,514
10	Essen	582.415	7,016	51,458
11	Bremen	566.573	8,807	53,076
12	Dresden	556.227	13,738	51,049
13	Hannover	534.049	9,739	52,374
14	Nürnberg	515.543	11,077	49,454
15	Duisburg	495.885	6,760	51,435
16	Bochum	364.454	7,220	51,482
17	Wuppertal	355.004	7,178	51,264
18	Bielefeld	333.509	8,531	52,019
19	Bonn	330.579	7,101	50,736
20	Münster	316.403	7,625	51,963
21	Mannheim	309.721	8,467	49,489
22	Karlsruhe	308.436	8,403	49,007

Freiburg im Breisgau, Krefeld, Mainz, Lübeck, Erfurt, Oberhausen, Rostock, und auch Kassel schafft es gerade noch in diese Liste [3].

Bestimmen wir also den summaren Abstand eines Punktes zu den 40 größten Städten Deutschlands. Natürlich nicht nur *eines* Punktes, sondern *aller* Punkte innerhalb des Landes. In Abb. 2.4

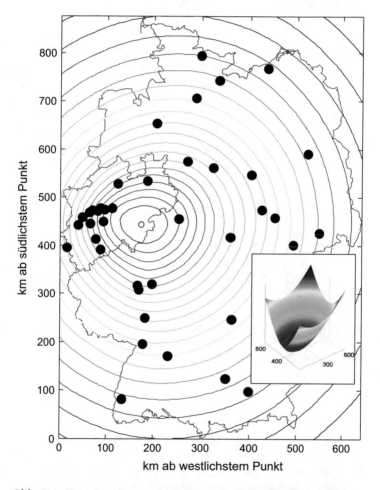

Abb. 2.4 Höhenlinien und dreidimensionale Darstellung der summaren Entfernung zu den 40 größten deutschen Städten. Die von blau zu rot ansteigende Farbskala gibt die zunehmende Entfernung vom zwischen Kassel und dem Ruhrgebiet liegenden Minimum an

ist das durchgeführt worden. Eingezeichnet sind die betrachteten Städte, die Staatsgrenze und die Grenze von Nordrhein-Westfalen [5], auf die wir in Abschn. 2.3 näher eingehen werden.

Die Abbildung zeigt darüber hinaus eine Reihe von *Höhenlinien*. Das sind Linien, auf denen die uns interessierende summare Entfernung ein und denselben Wert annimmt – analog den Höhenlinien auf einer Landkarte. Das Minimum ist durch den kleinen Kreis östlich des Ruhrgebiets markiert, und je weiter man sich von diesem Punkt entfernt, desto ungünstiger wird die Aufstellung. Die *Form* des Ungünstiger-Werdens ist am besten in einer dreidimensionalen Abbildung zu sehen, wie sie in der kleinen Einfügung in Abb. 2.4 gezeigt ist.

Haben wir nun damit die „wahre Mitte" gefunden? Oder liegt nicht doch noch ziemlich viel Willkür in der Problemstellung? Warum gerade 40 Städte? Warum nicht alle? Oder – in die andere Richtung gedacht – warum nicht weniger? Und warum haben wir die *Größe* der Städte nicht berücksichtigt, gemessen z. B. an der Einwohnerzahl? Was passiert also, wenn wir die *Datenbasis,* auf deren Grundlage das Optimum gesucht werden soll, verändern?

In Abb. 2.5 ist dies zunächst für eine Beschränkung auf die 22 Städte mit mindestens 300.000 Einwohnern durchgeführt (obere Abbildungen) und dann sogar bei Begrenzung auf die 4 Millionenstädte (untere Reihe). Links sind dabei jeweils die Summen ohne Berücksichtigung der Einwohnerzahl gebildet worden, und rechts gewichtet mit dieser Zahl. Naturgemäß ergibt sich bei jeder Veränderung der Datenmenge ein anderes Bild: Die Lage des Minimums ist jeweils eine andere, und auch Form und Anordnung der Höhenlinien verändern sich. Je weniger Städte wir nehmen, desto stärker verschiebt sich der Mittelpunkt dabei in Richtung der Stadt mit den meisten Einwohnern, bis diese am Ende die Standortfrage vollständig dominiert – Berlin bleibt eben Berlin!

Ist nun endlich alle Willkür beseitigt? Nein, leider immer noch nicht. Wir können nämlich auch noch die *Funktion* verändern, deren Minimum wir suchen: Indem wir z. B. als Abstände nicht die Luftlinienentfernung nehmen, sondern die auf dem Straßennetz zurückzulegende Distanz, nennen wir sie die *Navi-Entfernung.* Oder – was in einem anderen Beispiel naheliegend sein wird – den Abstand auf einem rechteckigen Gitter, die sog. *Manhattan-Metrik*, s. Abschn. 6.1. In Abb. 2.6 sind diese Möglichkeiten gegenübergestellt.

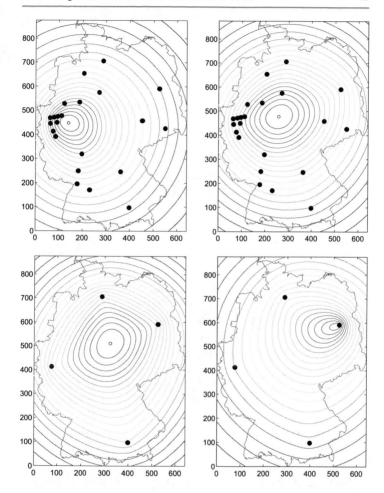

Abb. 2.5 Abhängigkeit der Lage des Optimums von der Anzahl der betrachteten Städte mit und ohne Berücksichtigung der Einwohnerzahl: obere Reihe für 22 Städte, untere für die größten 4. Linke Abbildungen ohne Wichtung mit der Einwohnerzahl, rechte mit dieser Wichtung

Und damit ist die Freiheit in der Wahl der Zielfunktion immer noch nicht beseitigt: Was, wenn uns nicht die *Summe* der Abstände interessiert, sondern der *maximale* Abstand. Wenn die Anlage also so aufgestellt werden soll, dass sie auch noch an der entlegensten Stadt möglichst nah dran ist. Welche dieser Möglich-

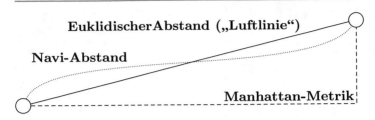

Abb. 2.6 Mögliche Definitionen der Entfernung zweier Punkte

keiten eine sinnvolle Definition der Zielfunktion liefert, hängt vom konkreten Problem ab. Wir müssen offenbar jetzt doch genauer sagen, *was* wir denn eigentlich in der Mitte Deutschlands aufstellen wollen:

- Handelt es sich um ein Elektrizitätswerk, ist die Summe der zu bauenden Leitungen und damit der summare Abstand zu den Städten die relevante Größe. In gewissen Grenzen spielt die Einwohnerzahl dabei keine Rolle, eine 110-kV- oder 220-kV-Leitung muss in jedem Falle gebaut werden.
- Geht es um eine Anlage zur Trinkwasseraufbereitung, ist der summare Abstand unter Berücksichtigung der Einwohnerzahl die passendere Zielgröße, da der Verbrauch und damit auch die Größe der erforderlichen Leitung sicher mit dieser anwachsen.
- Soll es ein Superfunkmast sein, der ganz Deutschland versorgen kann, ist eher der zuletzt eingeführte Maximalabstand die relevante Größe und die Optimierung muss versuchen, diesen zu minimieren.
- Wird es schließlich ein Feuerwehr- oder Erste-Hilfe-Stützpunkt, ist als Abstandsfunktion die Straßenentfernung anzusetzen, wobei in diesem Fall wahrscheinlich doch mehr als eine Station für das ganze Land ratsam wäre.

Möglichkeiten über Möglichkeiten ... Jedes der erwähnten Ziele würde zu einem anderen Optimum führen. Und jedes hätte in einem bestimmten Kontext seine Berechtigung. Bevor die Maschinerie der Lösungsfindung angeworfen wird, muss daher in jedem konkreten Anwendungsfall sorgfältig analysiert werden, welche

Zielfunktion die am besten geeignete ist. Und auch für Desinformation, gar Manipulation des Betrachters, öffnet sich hier eine Eintrittspforte – wenn nämlich nicht klar kommuniziert wird, welches Ziel eigentlich verfolgt wird. Schauen Sie also immer aufmerksam hin, wenn Ihnen eine „optimale Lösung" präsentiert wird und hinterfragen Sie, was da eigentlich optimiert worden ist.

Im nächsten Kapitel werden wir die am Beispiel der N Damen und des Findens der Mitte gewonnenen Eindrücke sortieren und in einen allgemeinen Zusammenhang bringen. Zuvor müssen wir aber noch auf eine weitere Klasse von Optimierungsproblemen eingehen.

2.3   Wasch mir den Pelz: Probleme mit Nebenbedingungen

… aber mach mich nicht nass! – lautet ein bekanntes Sprichwort. Erfülle Deine Aufgaben, aber ohne die Freiheiten zu bekommen, die dazu erforderlich wären. Bestimmte Möglichkeiten, das Problem zu lösen, oder auch bestimmte Lösungswege werden dadurch ausgeschlossen. Man sagt, dem Problem werden *Nebenbedingungen* oder *Restriktionen* auferlegt.

Eine solche Nebenbedingung könnte im Fall des N-Damen-Problems lauten: Keine Dame darf auf einer der zwei Diagonalen stehen! Im Fall N = 4 bedeutet diese Forderung noch keinerlei Einschränkung: Beide Optima erfüllen sie sowieso, s. Abb. 2.1. Auf größeren Spielfeldern führt sie jedoch zu einer deutlichen Verringerung der Anzahl der möglichen Lösungen: Von den in Abb. 2.2 gezeigten Anordnungen der acht Damen auf einem gewöhnlichen Schachbrett erfüllen nur zwei die zusätzliche Anforderung. Die Nebenbedingung führt in diesem Fall noch nicht dazu, dass die *Qualität* des Optimums beeinträchtigt wird, lediglich die *Anzahl* der optimalen Lösungen wird reduziert.

Schwieriger wird es im Problem der Standortfindung. Hier lautet eine beliebte Nebenbedingung: „Gute Sache, so eine Anlage. Aber bitte nicht vor meiner Haustür!" Das ist besonders ärgerlich, wenn dadurch das Gebiet, in dem das *eigentliche* Optimum liegt, nicht mehr als Lösung infrage kommt. Nehmen wir z. B. an, dass

Nordrhein-Westfalen kategorisch sagt – rein theoretisch natürlich: Hier nicht! Die Nebenbedingung führt dann nicht nur zu einer räumlichen *Verschiebung* des Optimums, sondern auch zu einer *Verschlechterung* seiner Qualität. Es müssen dann nämlich
aus der Menge aller Standorte gerade die herausgenommen werden, die die unmittelbare Umgebung des eigentlichen Optimums
bilden, s. Abb. 2.4. Der Schaden ist im konkreten Fall nicht sehr
groß, da die Landesgrenze z. T. nur unweit des bisherigen Optimums verläuft, das neue Optimum wird deshalb irgendwo auf
dieser Grenze liegen. Aber – oh Schreck! – sehen wir uns den Verlauf der Zielfunktion dort einmal genau an:

Abb. 2.7a zeigt den summaren Abstand zu den betrachteten 40
Städten entlang der Landesgrenze. Die dünnere Linie gibt die entsprechenden Werte an. Der erste Punkt entspricht dabei dem südlichsten Punkt des Landes, von dort aus wird die Grenze im Uhr-
zeigersinn abgetastet, zwischen zwei aufeinander folgenden
Punkten liegt jeweils etwa ein Kilometer. Die so erhaltene Kurve
ist nicht gerade schön! Unruhig zappelt sie hin und her – entsprechend der Tatsache, dass auch die Grenzen der Bundesländer mal
hierhin und mal dorthin ausufern. Die Abbildung enthält deshalb
noch eine etwas glattere Kurve, die durch Mittelung der 1-km-
Werte über jeweils 50 Punkte entsteht. Das sieht schon besser aus,
konfrontiert uns aber mit einem neuen Problem: Die Zielfunktion
hat nicht mehr nur *ein*, sondern viele *lokale Minima*!

Was das für die Optimierungsalgorithmen bedeutet, wird in
Kap. 5 näher beleuchtet. Intuitiv ist aber klar, dass das Finden der

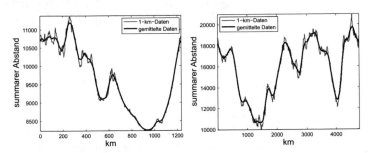

Abb. 2.7 Summarer Abstand zu 40 Städten: **a)** auf der Grenze Nordrhein-Westfalens, **b)** auf der Staatsgrenze Deutschlands

optimalen Lösung durch das Ausklammern eines Teils der Konfigurationen aus der Menge der zulässigen Orte erschwert wird: Jedes Lösungsverfahren muss ja nun einen Bogen um die ausgeschlossenen Gebiete machen.

Übrigens hätten wir auf dieses Problem auch ohne den Ausschluss eines Bundeslandes stoßen können: Die Beschränkung der zugelassenen Standorte auf das Territorium der Bundesrepublik stellt ja bereits eine Restriktion dar und auch auf der Staatsgrenze gibt es das Auf und Ab der summaren Entfernung, s. Abb. 2.7b.

Allerdings hat das Verhalten auf dieser Grenze keine Bedeutung für das Finden des globalen Minimums, kein einziger Punkt auf der Grenze weist auch nur annähernd den gesuchten minimalen Abstand auf. Würden wir allerdings nicht das Minimum suchen, sondern das *Maximum* des summaren Abstands, dann läge es genau auf der Staatsgrenze. Denken Sie an die Aufstellung einer Anlage, die keiner will. Es muss ja nicht gleich das gefürchtete Atom-Endlager sein, auch eine Mülldeponie oder ein riesiger Windpark sollten schon den größtmöglichen Abstand haben – zumindest zu *unseren* Städten!

Wo aber befindet sich das *globale* Maximum? Abb. 2.4 gibt uns einen Hinweis darauf: Wir gehen dazu Höhenlinie für Höhenlinie durch und sehen immer nach, ob es noch einen Landstrich gibt, der von dieser Höhenlinie geschnitten wird. Im Ausland dürfen wir ja die ungeliebte Anlage nicht bauen, aber in Grenznähe lassen sich interessante Gegenden erkennen: Sie liegen dort, wo die Höhenlinien vom blauen schon in den grünen Bereich – oder noch besser in den roten – übergegangen sind: im Südwesten im Dreiländereck mit der Schweiz und Frankreich, im Südosten im Berchtesgadener Land, im Nordosten irgendwo in Vorpommern und im Norden auf Sylt – na, dort legen wir besser keine Deponie hin!

Welcher dieser Kandidaten den *größten* Abstand hat, sehen wir am besten, indem wir die Abstandfunktion *auf der Grenze* zeichnen. Das hat den Vorteil, dass wir es statt mit einem 2-dimensionalen Problem nur noch mit einem 1-dimensionalen zu tun haben. Und das deutschlandweite Optimum werden wir trotzdem finden, da es ja irgendwo auf dieser Grenze liegt.

Doch zurück zu den Nebenbedingungen: In manchen Fällen können sie die Lösung des Problems vereinfachen, indem sie die Menge der zu untersuchenden Konfigurationen einschränken. Das 4-Damen-Problem liefert ein Beispiel hierfür. In anderen Fällen wird durch das Auftauchen mehrerer lokaler Minima die Lösung erschwert – wie im eben erörterten Fall der Standortbestimmung.

Schließlich können Nebenbedingungen die Lösung eines Problems ganz und gar unmöglich machen. Das ist dann der Fall, wenn sich mehrere Nebenbedingungen widersprechen oder wenn sie im Konflikt mit dem Ziel stehen. Im N-Damen-Problem wäre eine solche Einschränkung, dass die Damen z. B. nur auf weißen Feldern stehen dürfen. Und auch die Sache mit dem Waschen des Pelzes ist von dieser Art – es sei denn, Meister Petz gibt sich mit der Verwendung von Trockenshampoo oder einem Waschgang in der chemischen Reinigung zufrieden.

> Die Worte „Hier stehe ich, ich kann nicht anders" werden Martin Luther (1483–1546) zugeschrieben, obwohl er sie wahrscheinlich so nie gesagt hat [6].

Literatur

1. http://de.wikipedia.org/wiki/Damenproblem. Zugegriffen: 01. Oktober 2021
2. http://de.wikipedia.org/wiki/Mittelpunkte_Deutschlands.   Zugegriffen: 01. Oktober 2021
3. Städte (Alle Gemeinden mit Stadtrecht) nach Fläche, Bevölkerung und Bevölkerungsdichte am 31.12.2020, https://www.destatis.de/DE/Themen/ Laender-Regionen/Regionales/   Gemeindeverzeichnis/Administrativ/05-staedte.html. Zugegriffen: 01. Juli 2021
4. GPS Geoplaner – GeoConverter, https://www.geoplaner.de/. Zugegriffen: 01. Juli 2021
5. Bundesamt für Kartographie und Geodäsie, https://gdz.bkg.bund.de/index.php/default/open-data.html. Zugegriffen: 01. Mai 2021
6. Treu M (2003) Martin Luther in Wittenberg – ein biografischer Rundgang. Stiftung Luthergedenkstätten in Sachsen-Anhalt

Setz dir ein Ziel: von Optimierungsräumen und Bewertungsfunktionen

3

Zusammenfassung

Im vorangegangenen Kapitel haben wir anhand zweier Beispiele typische Eigenschaften von Optimierungsproblemen kennengelernt. Im Folgenden soll dem die systematische Darlegung der Schritte folgen, die einer Optimierung zugrunde liegen. Dazu wird der Begriff der Nachbarschaft einer Konfiguration eingeführt und mit dessen Hilfe der Konfigurationsraum definiert. Die Visualisierung der Zielfunktion als Bewertungslandschaft schließt das Kapitel ab.

3.1 Die Menge macht's: diskrete und kontinuierliche Probleme

Nach den eher illustrativen Ausführungen in Kap. 2 wird es jetzt Zeit, den Untertitel des Buches ernst zu nehmen und zu ergründen, wie man aus *allem* das Beste macht! Sehen wir uns zunächst an, was dabei unter „allem" zu verstehen ist. Die Antwort fällt nicht schwer, nämlich: „Alles!" Das heißt, die Menge aller möglichen Konfigurationen des betrachteten Systems, genauer gesagt, all derer, die in die Lösungsfindung einbezogen werden sollen. Beim N-Damen-Problem waren das alle denkbaren Aufstellungen der Damen. Allerdings hatten wir dabei stillschweigend solche Konfigurationen ausgenommen, bei denen mehrere Damen auf demselben Feld stehen, oder manche außerhalb des Brettes, oder bei denen eine Figur liegt oder sonst etwas tut, was nicht zur Lösung der Aufgabe beiträgt.

▶ Konfiguration: Zulässige Anordnung der Systemkomponenten, auch als Zustand oder Lösungsansatz bezeichnet
  Konfigurationsmenge: Gesamtheit aller Konfigurationen

Bei der Standortfindung in Abschn. 2.2 entsprach eine Konfiguration einem Punkt auf dem Gebiet der Bundesrepublik. Und wenn Nebenbedingungen auferlegt wurden, z. B. der Ausschluss bestimmter Bundesländer, dann führte das dazu, dass auch die entsprechenden Konfigurationen auszuschließen waren.

Die Menge aller zulässigen Konfigurationen wird als *Konfigurationsmenge* bezeichnet. Sie bildet den *Definitionsbereich* der Zielfunktion. Im N-Damen-Problem sind das alle möglichen regelkonformen Aufstellungen. Nicht zum Definitionsbereich gehören also z. B. Situationen, bei denen die Anzahl der Damen gar nicht gleich N ist, sondern zu viele oder zu wenig Damen auf dem Feld stehen, oder die auf die eine oder andere weiter oben beschriebene Art irregulär sind. Bei der Suche nach dem optimalen Standort besteht der Definitionsbereich aus sämtlichen Punkten, deren Koordinaten innerhalb Deutschlands oder auf der Landesgrenze liegen.

Anhand der Beispiele in Kap. 2 haben wir dabei bereits ein zentrales Unterscheidungskriterium verschiedener Konfigurationsmengen kennengelernt, nämlich das zwischen diskreten und kontinuierlichen Mengen. *Kontinuierliche* Mengen sind solche, bei denen es zu jeder Konfiguration eine andere gibt, die dieser beliebig nahe ist. Die zitierte Anlage in der Mitte Deutschlands: wir könnten sie theoretisch um einen Meter, ja einen Millimeter oder noch weniger verschieben und hätten eine neue Lage für sie gefunden. Und solange wir bei dieser Verschiebung nicht das

Staatsgebiet verlassen, würden wir eine zulässige Konfiguration erhalten, die verschieden von der vorherigen ist.

Im Gegensatz dazu heißt eine Menge *diskret*, wenn sich die Eigenschaften der Elemente beim Übergang von einem zum anderen *sprunghaft* ändern. Die Bezeichnung ist einer der zahlreichen alltäglichen Bedeutungen des Wortes „diskret" entnommen, das nicht nur für „verschwiegen" und „vertraulich" steht, sondern eben auch für Eigenschaften wie „gesondert" und „unaufdringlich". Es handelt sich also um Probleme mit alleinstehenden, sich nicht auf(einander)drängenden Konfigurationen. Das N-Damen-Problem kann als Beispiel dienen. Auch wenn wir in der Realität eine Dame beliebig auf dem Spielfeld hin- und herschieben können, eine Winzigkeit hierhin oder dorthin, für das Problem ist nur von Bedeutung, in welchem der 64 (oder allgemein NxN) „Kästchen" sie steht: Die Konfigurationsmenge ist diskret.

Je nach Art der Konfigurationsmenge werden die Optimierungsprobleme unterschieden in kontinuierliche und diskrete. Einen wichtigen Spezialfall stellen die *kombinatorischen Optimierungsprobleme* dar, die man erhält, wenn die Konfigurationsmenge nicht schlechthin diskret, sondern *endlich* ist. Es gibt dann nur eine begrenzte Anzahl von Konfigurationen und wir können – im Prinzip – diese alle durchprobieren, um die beste zu finden. Im Extremfall beträgt die Zahl der Konfigurationen sogar nur *zwei*, man hat es dann mit einer schlichten Ja-Nein-Entscheidung zu tun. Von den in der Einleitung erwähnten, noch extremeren „alternativlosen" Fällen, bei denen überhaupt nur eine einzige Möglichkeit in Betracht gezogen wird, wollen wir hier lieber schweigen – da gibt es ja bekanntlich nichts zu optimieren.

Die Gesamtheit aller Konfigurationen wird gelegentlich auch als Menge der *zulässigen Lösungen* bezeichnet, aus der die *optimale Lösung* durch ihre extreme Bewertung herausragt. Ich empfinde diese Terminologie aber als etwas unglücklich, weil eine Damen-Konfiguration, die eine von null verschiedene Bewertung hat, von den meisten Menschen ja nicht als Lösung des Problems angesehen wird. Allenfalls könnte man solche Konfigurationen als *Lösungsansätze* bezeichnen und nur die optimal bewertete Anordnung als echte Lösung.

3.2 Auf gute Nachbarschaft: von kleinen und großen Umgebungen

Keine Konfiguration existiert für sich allein. Manche Konfigurationen stehen einander im wahrsten Sinne des Wortes näher, andere sind weiter voneinander entfernt. Bei der Standortsuche ist klar, was dabei mit „Nähe" oder „Entfernung" gemeint ist: Es ist der Abstand zweier Konfigurationen, d. h. zweier potenzieller Standorte, auf der Landkarte. Je kleiner dieser Abstand, desto näher sind sich beide Konfigurationen.

Im N-Damen-Problem kann man unter dem Abstand zweier Konfigurationen die Anzahl an Zügen verstehen, die notwendig ist, um eine Konfiguration in die andere zu überführen. Zwei Aufstellungen sind sich umso näher, je kleiner diese Zahl ist. Insbesondere haben zwei Konfigurationen dann den Abstand „1", wenn sie durch einen einzigen Zug irgendeiner Dame ineinander überführt werden können.

▶ Schritt: Übergang von einer Konfiguration zu einer anderen
Nachbarschaft einer Konfiguration: Menge aller Konfigurationen, die von dieser in einem Schritt erreicht werden können
Konfigurationsraum: Konfigurationsmenge, versehen mit einer Nachbarschaftsstruktur

Der Unterschied zwischen kontinuierlichen und diskreten Problemen macht sich auch in folgender Eigenheit der Nachbarschaften bemerkbar: Während der Abstand zweier Konfigurationen im kontinuierlichen Fall beliebig nahe bei null liegen kann, ist der kleinste Abstand im diskreten Fall immer von null verschieden. Es gibt also ein „Abstandsquantum" für den kleinsten Abstand, und alle größeren Abstände sind Vielfache dieses Quants.

Erst durch die Einführung von Nachbarschaften wird die *Anordnung* der Konfigurationen möglich: Wir können benachbarte Konfigurationen als *nebeneinanderliegend* denken und auch grafisch entsprechend darstellen. Bei der Standortsuche ergibt das die normale 2-dimensionale Landkarte, für diskrete Probleme hingegen ein *Nachbarschaftsnetz*. Die Konfigurationen stellen dabei die Knoten dar – und wenn zwei Konfigurationen benachbart sind, werden sie miteinander verbunden. In Abb. 3.1 ist dieses Netz für das 2-Damen-Problem dargestellt. Da jede der 6 Aufstellungsmöglichkeiten durch das Ziehen einer Dame in 4 andere überführt werden kann, stellt das Nachbarschaftsnetz ein *Oktaeder* dar. Mit wachsendem N ergeben sich rasch wesentlich kompliziertere Gebilde. So hat auf dem normalen Schachbrett mit 8 Damen jede Dame bis zu 28 Zugmöglichkeiten: 7 auf die Felder in der Reihe, in der sie steht, 7 entlang der vertikalen Linie und bis zu 7 entlang jeder der beiden Diagonalen.

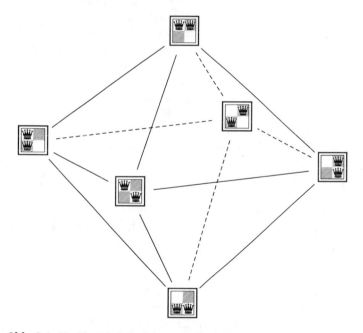

Abb. 3.1 Nachbarschaftsbeziehungen des 2-Damen-Problems: Von jeder der 6 Aufstellungsmöglichkeiten kann man durch Bewegung einer Dame zu 4 anderen Konfigurationen gelangen

Letzteres gilt natürlich nur für Damen, die genau im Zentrum des Schachbretts stehen, und auch die horizontale und vertikale Bewegung wird unter Umständen eingeschränkt, falls andere Damen im Wege sind. Die genaue Zahl der möglichen Züge hängt damit von der konkreten Stellung aller 8 Damen ab. Aber selbst wenn es im Mittel nur 10 oder 15 Zugmöglichkeiten für eine Dame gibt, macht das $8 \cdot 10$ bis $8 \cdot 15$ Möglichkeiten, durch einen Zug von einer Konfiguration zu einer benachbarten zu kommen. Das Nachbarschaftsnetz besteht damit aus mehr als 4 Milliarden Knoten (s. Tab. 2.1), von denen jeder mit durchschnittlich 100 anderen verbunden ist – ein unüberschaubares Netz, ja geradezu ein undurchdringliches Knäuel an Bewegungsmöglichkeiten!

Dass ich gerade von der *Einführung* von Nachbarschaften gesprochen habe, hat seinen Grund in der Tatsache, dass es im allgemeinen *verschiedene* Möglichkeiten gibt Nachbarschaften zu definieren. Die eben diskutierten Beispiele erscheinen uns dabei als *natürliche* Definitionen: Die Nachbarschaft eines Punktes auf der Landkarte wird von all jenen Punkten gebildet, deren Abstand zu diesem kleiner ist als ein bestimmter Wert. Je größer dieser Wert, desto größer ist auch die Nachbarschaft. Die kleinste denkbare Nachbarschaft ist die, die aus den Punkten besteht, die *unmittelbar* neben dem betrachteten Punkt liegen. Zwei Nachbarn grenzen dann direkt aneinander – es gibt zwischen ihnen keine weitere Konfiguration. Die Mathematiker würden diese Menge als *Epsilon-Umgebung* bezeichnen, in unserem Kontext könnte man sie auch *fundamentale Nachbarschaft* nennen.

Im diskreten Fall würde dem die Menge aller Konfigurationen entsprechen, die sich *so wenig wie möglich* von der Ausgangskonfiguration unterscheiden. Im N-Damen-Problem ist das *nicht* die oben diskutierte Menge von Feldern, die durch die Bewegung einer Dame erreicht werden kann, sondern eine kleinere: Nur die Konfigurationen, die durch das Ziehen auf ein *unmittelbar* an den Standort einer Dame angrenzendes Feld entstehen, bilden die fundamentale Nachbarschaft der jetzigen Konfiguration.

Die Nachbarschaft hat entscheidenden Einfluss auf den Verlauf der Optimierung. Sie umfasst ja gerade all jene Konfigurationen, die in *einem* Schritt erreichbar sind. Je kleiner die Nachbarschaft, desto langsamer kommt der Such-Algorithmus voran: in der fundamentalen Umgebung des N-Damen-Problems können die Damen nur noch Trippelschrittchen machen! Mehr noch, mit kleinen Schritten kommt man häufig nicht aus den lokalen Minima heraus, die wir in Abb. 2.7 gesehen haben und die wir in vielen anderen Problemen wiederfinden werden.

Wird die Nachbarschaft andererseits zu groß gewählt, kann sich der Optimierungsalgorithmus im wahrsten Sinne des Wortes verlaufen: Von jedem Punkt aus gibt es dann so viele Möglichkeiten, die Suche nach dem Optimum fortzusetzen, dass es schwer fällt, die geeignetste zu finden.

3.3 Weite den Blick: die Dimension des Raumes

Durch die Definition von Nachbarschaften verwandelt sich die Konfigurations*menge* in einen Konfigurations*raum*. Wir können nämlich jetzt von jeder Konfiguration zu ihren Nachbarn „wandern" und uns auf diese Weise auf die Suche nach der besten begeben.

Wie der Konfigurationsraum beschaffen ist, hängt vom konkreten Problem ab. Im vorangegangenen Abschnitt hatten wir die Nachbarschaftsstrukturen des N-Damen-Problems und der Standortbestimmung erörtert. Während sich Letztere auf einem normalen Stück Papier anordnen ließen, s. Abb. 2.4, erforderten zwei Damen bereits das in Abb. 3.1 dargestellte Oktaeder. Und der Konfigurationsraum des 8-Damen-Problems erwies sich gar als undurchdringliches Knäuel!

▶ Dimension: Anzahl der Freiheitsgrade, d. h. der unabhängig voneinander veränderbaren Parameter eines Systems, hier konkret des Konfigurationsraums. In gedankenloser Übernahme aus dem Englischen gelegentlich auch als *Dimensionalität* bezeichnet.

Aber:

Die dritte, vierte, … Dimension: konkreter Freiheitsgrad eines mehrdimensionalen Systems

Wie jedoch kann es sein, dass die Konfigurationsbeziehungen eines kleinen Dame-Bretts komplizierter sind als die eines großen Landes? Die Antwort liegt in der Zahl der *Freiheitsgrade*, d. h. in der *Dimension* des Problems: Bei der Bestimmung der Landesmitte suchten wir genau *einen* Standort, zur Charakterisierung der Lage reichten daher zwei Zahlen, eine für die geografische Länge und eine für die geografische Breite. Dieser Raum ist daher 2-dimensional. Im Gegensatz dazu hat im N-Damen-Problem *jede* Dame zwei Koordinaten, und damit sind zur Charakterisierung einer Konfiguration $2 \cdot N$ Koordinaten notwendig – der Konfigurationsraum ist $2 \cdot N$-dimensional: bei zwei Damen 4-, bei vier 8- und bei acht sogar 16-dimensional.

Einen solchen Raum anschaulich darzustellen, ist nun schlechterdings nicht möglich: Egal, ob es sich um ein Blatt Papier oder einen Computerbildschirm handelt, sie haben nun mal nur 2 Ausdehnungen. Die moderne Kinematografie etabliert zwar gerade das 3-D-Kino, ob sie uns aber jemals helfen wird, auch nur 4-dimensional zu denken, bleibt eine große Frage. Der Mensch ist eben ein 3-dimensionales Wesen und lebt in einer 3-dimensionalen Umwelt – schon das ist manchmal kompliziert genug.

Die 3-Dimensionalität unserer Welt zeigt sich bereits in folgender Fingerübung: Bedienen Sie sich dazu Ihrer rechten Hand und spreizen Sie den Daumen ab. Jetzt den Zeigefinger nach vorn beugen, so dass er senkrecht zum Daumen steht, und den Mittelfinger so ausstrecken, dass er sowohl mit dem Daumen als auch mit dem Zeigefinger einen rechten Winkel bildet. Welcher Finger in welche Richtung zeigt, spielt keine Rolle – nur bitte den Mittelfinger nicht nach oben nehmen! Die drei Finger veranschaulichen jetzt die Achsen eines dreidimensionalen Koordinatensystems: Jeder Punkt des Raumes kann durch 3 Zahlen charakterisiert werden, die den Abstand von der Hand in Daumen-, Zeigefinger- bzw. Mittelfingerrichtung angeben. Um eine vierte Dimension zu erfassen, müssten Sie jetzt den Ringfinger nehmen und ihn so halten, dass er auf *jedem* der anderen Finger senkrecht steht und dann den kleinen, wiederum senkrecht auf allen übrigen usw. usf. – ein offensichtlich unmögliches Unterfangen. Unser Raum ist und bleibt dreidimensional, da kann man die Finger halten, wie man will, eine vierte Dimension eröffnet sich nicht.

Versuchen wir es also mit einer Illustration. Im Sinne der oben gegebenen Definition erfordert ein n-dimensionaler Raum n Parameter, die wir unabhängig voneinander ändern können. Im diskreten Fall stellt das z. B. eine Menge von n Ja-Nein-Entscheidungen dar. Denken Sie an eine Folge von Prüfungen, die jeweils bestanden oder vermasselt werden können. Oder an eine Wegbeschreibung, die aus einer Menge von Links- und Rechtsabbiegungen besteht. Oder an Entscheidungen, die man so oder so hätte treffen können.

Um den zurückgelegten Weg durch die Prüfungszeit, das Straßennetz oder das Leben als Ganzes zu symbolisieren, können wir für jedes „Ja" eine „1" schreiben – und für jedes „Nein" eine „0". Die Folge „101" würde dann für 3 aufeinander folgende Entscheidungen stehen, und zwar für „bestanden – durchgefallen – bestanden" oder für „links – rechts – links". Jede Folge repräsentiert auf diese Weise eine Konfiguration – und ihre fundamentale Nachbarschaft besteht aus all jenen Folgen, die sich an genau einer Stelle von ihr unterscheiden. Für die Konfiguration „101" wären das die Folgen „001", „111" und „100".

Zur Darstellung derartiger Konfigurationen und ihrer Nachbarschaftsbeziehungen bietet sich der n-dimensionale „Würfel" an, s. Abb. 3.2. Ein 1-dimensionaler Würfel ist nichts weiter als eine *Strecke* – es gibt ja nur *eine* Entscheidung zu treffen und also nur zwei Konfigurationen, die dargestellt und miteinander verbunden werden müssen. In 2 Dimensionen erhalten wir ein *Quadrat*, jede Richtung steht für eine der beiden Entscheidungen (die neu hinzugekommenen Punkte sind in der Abbildung jeweils weiß dargestellt). Der 3-dimensionale Fall ergibt das daneben dargestellte Gebilde. „Endlich ein richtiger Würfel!", werden Sie sagen. Doch

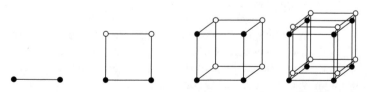

Abb. 3.2 „Würfel" der Dimension 1, 2, 3 und 4. Mit jeder Erhöhung der Dimension um 1 ist eine Verdopplung der Anzahl der Ecken verbunden

nein, es ist nur die *Projektion* eines Würfels auf das Papier. Und nur weil wir selbst 3-dimensional sind, hat unser Gehirn gelernt, in solchen Schattenrissen etwas Räumliches zu sehen.

Nun haben wir es bei vielen Optimierungsproblemen aber nicht mit einem 1-, 2- oder 3- dimensionalen Würfel zu tun, sondern mit einem in n Dimensionen, und n kann dabei sehr, sehr groß sein. Versuchen wir also, die Reihe der Würfel fortzusetzen – zunächst mit der Projektion eines 4-dimensionalen Würfels, s. nach wie vor Abb. 3.2. Das ist ein Gebilde, bei dem von jedem Eckpunkt nicht 1, 2 oder 3, sondern eben 4 Kanten ausgehen.

Reichlich unübersichtlich, nicht wahr? Noch schlimmer wird es beim Würfel der Dimension 5, ganz zu schweigen vom 6- oder vom 256-dimensionalen. In Abschn. 3.5 werden wir deshalb nach Darstellungsmöglichkeiten der Konfigurationen und ihres Zusammenhangs suchen, die auf ein Blatt Papier passen. Dass wir damit immer nur einen kleinen Ausschnitt der Problematik erfassen, dürfen wir dabei jedoch nie vergessen.

Die Elementarteilchenphysiker glauben übrigens, dass unsere Welt nicht bloß 3 Dimensionen hat, auch nicht etwa 4, wie seit Formulierung der Relativitätstheorie unter Hinzunahme der Zeit üblich. Nein, sie ist wahrscheinlich 11-dimensional – für die Filmindustrie gibt es also auch in Zukunft noch einige Entwicklungsmöglichkeiten!

3.4   O Täler weit, o Höhen: Bewertungslandschaften

Kommen wir nun wieder auf den Untertitel des Buches zurück. Nachdem wir in den vorangegangenen Abschnitten herausgearbeitet hatten, was unter „allem" zu verstehen ist, und alle Konfigurationen zunächst erfasst und dann säuberlich angeordnet haben, können wir nun unter ihnen „das Beste" suchen. Dazu müssen wir sie *bewerten,* das heißt im wahrsten Sinne des Wortes jeder Konfiguration einen *Wert* zuweisen. Für das N-Damen-Problem war das die Anzahl der „Blickkontakte", für das Standortproblem von Abschn. 2.2 die jeweilige summare Entfernung zu den betrachteten Städten.

In anderen Zusammenhängen kann unter „Wert" etwas beliebiges anderes verstanden werden: Physikalische Systeme sind bestrebt, ihre Energie zu minimieren, biologische – eingedenk der darwinschen Evolutionstheorie [1] – ihre Fitness zu maximieren. Die Bewertung des fleißigen Schülers richtet sich nach dem Notendurchschnitt, der so niedrig wie möglich sein sollte. Und wirtschaftliche Überlegungen münden meist in der Überzeugung, dass mehr Geld besser ist als weniger.

Welche Konfiguration ist nun die beste? Natürlich die, die das meiste liefert, die also zum besten Wert führt – zum *Extremum*. Unter dem „besten" ist dabei, wie gerade illustriert, je nach Problem das Minimum oder auch das Maximum zu verstehen. In den folgenden Kapiteln wird der Einfachheit halber stets von der Suche nach dem *Minimum* die Rede sein. Daraus spricht in mir zunächst der Physiker, der eben gern die Energie minimiert. Aber auch die Veranschaulichung vieler Optimierungsalgorithmen profitiert von dieser Wahl, kann man doch die Suche nach dem Optimum mit einem Murmelspiel vergleichen – und Murmeln rollen nun mal nach unten. In Kap. 8 werden wir darüber hinaus auf eine weitere Größe stoßen, die im Optimum *minimiert* wird: die dem System innewohnende *Frustration*.

▶ **Definition** Extremum: größter („Maximum") bzw. kleinster („Minimum") Wert einer Menge
Lokales Extremum: Bewertung einer Konfiguration, in deren Nachbarschaft keine größeren („lokales Maximum") bzw. kleineren („lokales Minimum") Bewertungen angenommen werden

Falls aber doch einmal eine Problemstellung auftauchen sollte, die am Maximum interessiert ist, so kann diese durch Verkehrung der Bewertung in ihr *Gegenteil* auf die Suche nach dem Minimum zurückgeführt werden: Dort wo die ursprüngliche Aufgabe ein Maximum hatte, hat ihr Gegenteil ein Minimum. Was dabei vernünftigerweise als Gegenteil betrachtet werden sollte, kann allerdings von Problem zu Problem variieren, einfache Vorschriften sind die Umkehr des Vorzeichens oder das Bilden des Kehrwerts.

Indem wir allen Konfigurationen einen Wert zuweisen, erhalten wir eine *Ziel-* oder *Bewertungsfunktion*. Die Zielfunktion

ist generell eine Vorschrift, die der Menge der Konfigurationen
eine Menge von Zahlen, den *Wertebereich*, zuordnet, die
Mathematiker sprechen von einer *Abbildung*. Im einfachsten Fall
besteht der Wertebereich aus *zwei* Zahlen, sagen wir +1 und −1,
die für „ja" bzw. „nein" oder „schwarz" und „weiß" stehen – was
immer Sie sich als Paar von Gegensätzen vorstellen wollen. Für
Probleme der kombinatorischen Optimierung ist er eine diskrete,
endliche Menge: Jede Aufstellung der Damen hat eine bestimmte
Bewertung, der kleinstmögliche Wert ist 0, dann kommt die 2,
dann 4 usw. bis zum größten denkbaren Wert, der entsteht, wenn
jede Dame jede andere sehen kann. Bei N Damen ergibt das die
Zahl $N \cdot (N-1)$, und selbst die wird für $N > 4$ nicht erreicht, weil
die Damen sich gegenseitig die Sicht verstellen.

Für kontinuierliche Probleme kann die Bewertungsfunktion beliebige Zahlenwerte annehmen, genauer gesagt, beliebige Werte in
einem bestimmten Bereich. Verschob man den Standort in
Abschn. 2.2 nur um eine Winzigkeit, so änderte sich auch der summare Abstand nur ganz wenig – die Mathematiker würden sagen:
„Die Bewertungsfunktion ist stetig". Der Abstand kann dabei aber
weder ganz klein sein noch riesengroß: Die konkrete Lage der
Städte und die Beschränkung auf die Suche nach einem Standort in
Deutschland führen dazu, dass jeder errechnete Abstand mindestens gut 8000 km, aber höchstens ca. 20.000 km beträgt.

Zwischen den rein kontinuierlichen und den kombinatorischen
Optimierungsaufgaben liegen die *ganzzahligen Probleme*, die
über einem kontinuierlichen Konfigurationsraum definiert sind.
Ein Beispiel ist die Frage nach der maximal herstellbaren Stück-
zahl eines Produkts bei gegebenen Ressourcen. Oder die nach der
minimalen Anzahl von Prozessschritten für die Bewältigung einer
Reihe von Produktionsaufgaben.

Auch wenn es darum geht, ob ein Ziel – sagen wir das Bestehen einer Prüfung – erreicht wird oder nicht, kann man den
Aufwand in der Vorbereitung stetig ändern, das Ergebnis lautet
stets nur „ja" oder „nein". Im Extremfall sind sogar Bewertungsfunktionen denkbar, die nur einen einzigen Wert annehmen. Als
Beispiel kann jemand dienen, der bei allem, was er anfängt, Glück
hat – oder auch das Gegenstück dazu, der traurige Filmheld, der

mit den Worten schließt: „Weißt du, Hans: egal, was du im Leben machst – es ist falsch" [2].

Schließlich werden wir in Kap. 9 Probleme kennenlernen, bei denen die Bewertung jeder Konfiguration nicht nur *eine* Zahl erfordert, sondern *mehrere*. Denken Sie an den Weg zwischen zwei Städten, der nicht nur eine bestimmte Länge hat, sondern auch konkrete Kosten verursacht. Oder im Sinne der Schulnoten an ein ganzes Zeugnis, das zur Charakterisierung der vielfältigen Leistungen eines Schülers herangezogen werden muss.

In Anlehnung an unsere Umwelt wird die Bewertungsfunktion als *Bewertungslandschaft* oder auch einfach als *Landschaft* bezeichnet. Die Landschaft für die Platzierung des Kraftwerks ist dabei eine *wirkliche* Landschaft. Das liegt daran, dass die am Optimierungsproblem beteiligten Punkte in einer Ebene liegen, dass es sich also um ein 2-dimensionales Problem handelt. Natürlich kann man analog auch 3-, 4- oder mehrdimensionale Probleme betrachten. Man redet dann immer noch von Landschaften, auch wenn diese nicht mehr so leicht zu veranschaulichen sind.

Eine erste Landschaft in diesem Sinne hatten wir in Abb. 2.4 gesehen. Allerdings ist die dort gezeigte Landschaft recht langweilig. Sie hat nämlich nur *ein* Minimum, und das lässt sich mit den Methoden des nächsten Kapitels leicht finden. *Reale* Landschaften sind da wesentlich komplizierter, s. Abb. 3.3. Dabei habe ich weder die zerklüftete Struktur der Alpen genommen, noch die manchen etwas langweilig erscheinende Weite des Norddeutschen Tieflands, sondern eine mittlere Landschaft eines mitteldeutschen Mittelgebirges.

Die gezeigte Landschaft ist trotzdem *typisch* für die Probleme, die wir untersuchen wollen. Sie weist nämlich *viele* Minima und *viele* Maxima auf – eine Eigentümlichkeit, auf die wir schon in Abb. 2.7 gestoßen sind und die uns in vielen weiteren Beispielen

Abb. 3.3 Hügel über Hügel: Die Gleichberge im Süden Thüringens

begegnen wird. Mehr noch, auch andere Besonderheiten realer Landschaften werden wir in den Bewertungsfunktionen vieler Optimierungsprobleme wiedererkennen: Es gibt nicht nur lieb-liche Hügel und Täler, sondern auch schroffe Einschnitte, steile Abbrüche, tiefe Gräben und Löcher. Es gibt Pässe und Sättel, und das alles nicht nur in ein oder zwei Dimensionen, sondern über beliebig komplizierten Konfigurationsräumen. Die Optimierer sprechen in solchen Fällen von rauen („rugged") Landschaften. Und es ist wie im realen Leben: Je schwieriger das Gelände, desto schwerer fällt es auch, einen Weg auf den höchsten Berg oder in das tiefste Tal zu finden!

3.5 Ein Bild sagt mehr als tausend Worte: das Problem der Darstellung

Zur Veranschaulichung der Bewertungsfunktion kann man diese grafisch auftragen. Wie gut oder schlecht das geht, hängt ganz wesentlich von der *Dimension* des Konfigurationsraums ab. In Abb. 2.7 ist die Bewertungslandschaft im eindimensionalen Fall gezeigt, die Einfügung in Abb. 2.4 illustriert eine zwei-dimensionale Situation.

Sobald der Konfigurationsraum jedoch mehr als 2 Dimensio-nen aufweist, versagt unsere Anschauung. Zur Visualisierung müssen wir uns dann mit einem *Schnitt*, einem *Aus-Schnitt* be-gnügen. Denken Sie an einen Bohrkern: Er stellt einen winzigen Ausschnitt der Erdkruste dar, aufgenommen an *einem einzigen* Punkt der Oberfläche, und doch können die Geologen aus den darin befindlichen Steinchen, Spuren und Knochenresten große Abschnitte der Erdgeschichte rekonstruieren. Oder an das Stäb-chen, mit dem wir in den Kuchen im Backofen stechen, um zu sehen, ob noch Teig daran haften bleibt: Aus der Bewertung eines eindimensionalen Ausschnitts schließen wir auf den Zustand des gesamten Backwerks. Der Schnitt – und damit die Probenahme – muss dabei nicht unbedingt entlang einer geraden Linie erfolgen. Er kann auch eine beliebige Kurve darstellen, wichtig ist nur seine Eindimensionalität.

In Abschn. 2.3 hatten wir es bereits mit einem solchen Schnitt zu tun: Die Grenze Nordrhein-Westfalens hat aus der Menge aller möglichen Standorte unserer Anlage einen Teil herausgeschnitten. Wir können uns vorstellen, entlang dieser Grenze zu wandern und für jeden Punkt auf ihr den Wert der Zielfunktion zu berechnen. Was wir erhalten, ist genau der in Abb. 2.7a dargestellte Verlauf.

Eine bildhafte Darstellung ist auch für *zweidimensionale* Ausschnitte möglich. Beim Kuchen spricht man dann eher von An-Schnitt, und er wird gemeinhin erst nach dem Ende des Backens gemacht, wenn der Zustand des ersten Stückchens den Familienmitgliedern ein lautes „Oooh" oder andere Laute entlockt.

Die Mediziner reden ebenfalls gern von Schnitten. Und bevor Skalpell oder Messer zum Einsatz kommen, wird heutzutage – hoffentlich – ein *virtueller* Schnitt angefertigt: eine Computertomografie oder eine MRT-Aufnahme, die das Körperinnere „scheibchenweise" darstellt. Jeder Punkt eines solchen Bildes hat einen bestimmten Helligkeitswert, aus dem der Mediziner den Zustand von Knochen und Gewebe ableiten kann.

Auch für das N-Damen-Problem ist die Visualisierung der Bewertungslandschaft nur anhand eines Schnittes möglich, da die *gesamte* Landschaft außerordentlich kompliziert ist: Sie zieht sich über die in Tab. 2.1 angegebene Zahl von Konfigurationen und ordnet jeder von ihnen einen Wert, eine Höhe zu. Schon die Darstellung des Konfigurationsraums des N-Damen-Problems ist ja ein Problem: Die Konfigurationen müssten so angeordnet werden, dass Aufstellungen, die durch die Bewegung *einer* Dame ineinander übergehen können, auch optisch benachbart erscheinen. Das ging gerade noch für N = 2, s. Abb. 3.1, für mehr Damen ist es auf einem normalen Stück Papier, d. h. in nur zwei Dimensionen praktisch nicht durchführbar.

Betrachten wir deshalb einen Schnitt durch diese riesige Menge: Wir halten alle Damen bis auf eine fest und tragen die unterschiedlichen Bewertungen des Problems bei Änderung der Lage dieser *einen* Dame auf. Da das Spielfeld nur zwei Ausdehnungen hat, ist dieser Schnitt auch 2-dimensional – das kann man also gut zeichnen. In Abb. 3.4 ist die sich ergebende Landschaft für den Fall von 8 Damen dargestellt. Sieben der Damen sind bereits in der optimalen Stellung, wie sie Abb. 2.2a entspricht

Abb. 3.4 Ausschnitt aus der Landschaft des 8-Damen-Problems: Sieben der 8 Damen befinden sich schon an ihren optimalen Plätzen entsprechend Abb. 2.2a. Die 8. Dame stellt sich probeweise nacheinander auf jedes der verbleibenden Felder; die dadurch entstehende Konfiguration wird bewertet und das Feld entsprechend farblich markiert

und nur für eine wird noch der beste Platz gesucht. Die Farben entsprechen der Bewertung der resultierenden Stellung: weiß steht für den Wert 0, grün entspricht 2, gelb – 4, orange – 6 und rot – 8; wir gehen darauf in Abschn. 5.1 näher ein.

Wenn wir eine derartige Visualisierung der Bewertungsfunktion vornehmen, müssen wir uns allerdings stets der Beschränktheit der aus ihr abgeleiteten Aussagen bewusst sein. Beim Verständnis der Problematik hilft uns auch hier der Vergleich mit einer realen Landschaft. Betrachten wir dazu noch einmal die Fotografie der Gleichberge, Abb. 3.3. Auf ihr sieht es so aus, als würde zwischen dem Großen Gleichberg (links hinten im Bild) und seinem rechts davon gelegenen kleinen Bruder ein lokales Minimum liegen. Allerdings kommt dieser Eindruck nur durch die *Projektion* der Realität auf die Fotoplatte zustande, in Wahrheit befindet sich an der fraglichen Stelle ein *Sattel:* in einer Ausrichtung steigt der Verlauf der Oberfläche an, aber senkrecht dazu fällt er ab. Lediglich der *Anstieg* der Funktion ist in diesem Punkt entlang aller denkbaren Richtungen gleich null, die Mathematiker bezeichnen ihn daher als *stationären Punkt*: Die Funktionswerte rühren sich in einer klitzekleinen Umgebung dieses Punktes nicht von der Stelle, gerade so wie mancher Patient bei einem stationären Aufenthalt oder mancher Zug auf einer Bahnstation.

Stationäre Punkte gibt es schon bei ein- und zwei-dimensionalen Problemen in den vielfältigsten Spielarten, wobei alle Kombinationen von ansteigenden und abfallenden Verläufen vertreten sind, s. Abb. 3.5.

▶ Stationärer Punkt: Punkt des Konfigurationsraums, in dem die Anstiege der Bewertungsfunktion entlang aller Richtungen gleich null sind

Noch mehr Kombinationsmöglichkeiten gibt es in 3 Dimensionen, wieder mehr in 4 usw. usf. Mit zunehmender Dimensions-

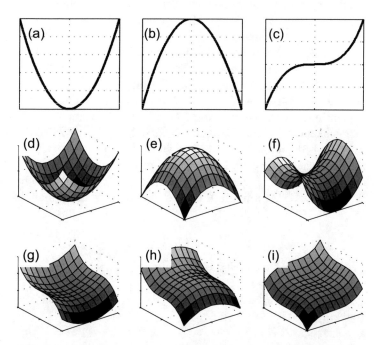

Abb. 3.5 Bewertungslandschaften in der Umgebung stationärer Punkte: **a) – c)** in einer Dimension, **d) – i)** in zwei Dimensionen

zahl überwiegen dabei die Sattelpunkte immer stärker, wie bereits aus einer einfachen statistischen Überlegung ersichtlich wird. Dazu ordnet man den Dimensionen, entlang derer es von einem stationären Punkt nach „oben" geht, die also im Hinblick auf diese Richtungen ein Minimum haben, ein „+" zu. Analog erhalten die Dimensionen, entlang derer es nach „unten" geht, ein „-" und die, in welchen die Funktion in eine Richtung anwächst, in die entgegengesetzte Richtung aber abfällt, eine „0". Die Verläufe der oberen Reihe in Abb. 3.5 haben damit die Kodierung „+" (Abb. a), „−" (Abb. b) bzw. „0" (Abb. c), die der mittleren entsprechend „++", „− −" und „+−". In zwei Dimensionen gibt es daneben noch die Kombinationsmöglichkeit „-+" sowie fünf Verläufe, die eine „0" enthalten; drei davon sind in Abb. 3.5g–i dargestellt. Von diesen 9 Möglichkeiten stellt aber nur die Kombination „++" ein lokales Minimum dar, alle übrigen enthalten mindestens eine Richtung, entlang der die Funktion abfällt. Analog repräsentiert nur „- -" ein Maximum, alle übrigen Kombinationen sind Sattelpunkte.

Für einen dreidimensionalen Konfigurationsraum lassen sich die stationären Punkte durch alle möglichen Dreier-Kombinationen von „+", „0" und „−" kennzeichnen. Davon gibt es $3 \cdot 3 \cdot 3 = 27$, aber nur die Folge „+++" stellt ein Minimum dar. Analog ist in 4 Dimensionen nur noch eine von $3 \cdot 3 \cdot 3 \cdot 3 = 81$ Kombinationsmöglichkeiten ein Minimum, in 5 – von $3 \cdot 3 \cdot 3 \cdot 3 \cdot 3 = 243$ usw. usf. Das bedeutet nicht, dass es in vieldimensionalen Systemen nicht immer noch viele lokale Minima geben kann, es zeigt aber, dass es unerwartet viele stationäre Punkte gibt, von denen ein Weiterrollen der Murmel in Richtung besserer Zustände möglich ist.

Mit „O Täler weit, o Höhen" beginnt das bekannte romantische Lied „Abschied vom Walde" von Joseph Freiherr von Eichendorff (1788–1857) und Felix Mendelssohn Bartholdy (1809–1847) [3].

Literatur

1. Darwin C (2018) Der Ursprung der Arten (Neuübersetzung). Klett-Cotta, Stuttgart
2. Ahadi AS (Regie) Salami Aleikum. Deutschland, 2009
3. Eichendorff-Liederbuch Teil 2: Abschied (1965) Bärenreiter-Verlag, Kassel

Schritt für Schritt: deterministische Lösungsverfahren

4

Zusammenfassung

Im Folgenden werden zunächst zwei Verfahren beschrieben, die das globale Optimum mit Sicherheit finden: das vollständige Durchsuchen der Konfigurationsmenge und ein geschicktes Abkürzen. Der Bestimmung von lokalen Minima ist der dritte Abschnitt gewidmet, bevor auf eine Methode zur Kurvenanpassung und auf Probleme mit Randbedingungen eingegangen wird. Eine Einführung in die Optimierung künstlicher Neuronaler Netze rundet das Kapitel ab.

4.1 Bitte durchzählen: die vollständige Enumeration

Wie finden wir *mit Sicherheit* die beste Lösung eines Problems? Doch wohl, indem wir *alle* Möglichkeiten zu seiner Lösung durchprobieren. Oder, um es mit den Worten des vorigen Kapitels auszudrücken: indem wir uns eine Konfiguration nach der anderen vornehmen, ihre Bewertung ausrechnen und immer den bisher besten Wert samt zugehöriger Konfiguration speichern. Mehr noch, wenn es mehrere Konfigurationen mit minimaler Bewertung gibt, sollten wir uns *alle* merken – vielleicht gefällt uns ja später eine davon besser als die anderen.

© Springer-Verlag GmbH Deutschland, ein Teil von Springer Nature 2022
F.-M. Dittes, *Optimierung*, Technik im Fokus,
https://doi.org/10.1007/978-3-662-64906-0_4

▶ Enumeration: vom lateinischen „enumeratio" – Aufzählung.
Durchprobieren von Konfigurationen

Am einfachsten funktioniert diese als „vollständige Enumeration" bezeichnete Herangehensweise, wenn es nur *zwei* Möglichkeiten gibt ein Problem zu lösen – wenn es sich also um eine Ja-Nein-Entscheidung handelt. Das ist nun leichter gesagt als getan, manchmal ist erst nach Jahren klar, was die optimale Entscheidung gewesen wäre. Dabei denke ich nicht einmal an die in der Einleitung aufgeworfene Frage nach dem optimalen Partner. Auch die Entscheidungen, ein Studium aufzunehmen oder nicht, einem operativen Eingriff zuzustimmen u. ä. sind von dieser Art – ganz zu schweigen von den strategischen Entscheidungen in Politik oder Wirtschaft.

Auch wenn es nicht nur 2 Möglichkeiten gibt, sondern 3, 4 oder generell endlich viele, können wir – im Prinzip – alle durchrechnen und uns die besten merken. Dazu müssen wir zunächst eine passende Kodierung der Konfigurationen festlegen. Im Fall des 8-Damen-Problems auf einem normalen Schachbrett könnten wir einfach angeben, auf welchen 8 Feldern die Damen stehen. Die Schach-Gemeinde benutzt dabei die Bezeichnungen a, b, c, d, e, f, g, h für die senkrechten Linien und 1, 2, 3, 4, 5, 6, 7, 8 für die waagerechten Reihen, so dass die Konfiguration von Abb. 2.2a durch f1-a2-e3-b4-h5-c6-g7-d8 kodiert wird. Die Informatiker würden ein reines *Zahlen*system bevorzugen, so dass dieselbe Konfiguration durch die Folge 6-9-21-26-40-43-55-60 zu beschreiben wäre (s. Abb. 4.1) – eine interessante Kombination, die Sie durchaus mal im Lotto ausprobieren können!

Da es unerheblich ist, ob die erste Dame, sagen wir, auf Feld 1 steht und die zweite auf 2 oder umgekehrt, charakterisiert die Folge 2-1 dieselbe Stellung wie 1-2 und man braucht deshalb nur solche Folgen zu betrachten, die monoton aufsteigend sind. Keine Zahl darf also kleiner als ihre Vorgängerin sein – und ihr gleich darf sie ohnehin nicht sein, sonst stünden ja zwei Damen auf ein und demselben Feld.

Eine vollständige Enumeration würde dann zuerst die Konfiguration 1-2-3-4-5-6-7-8 betrachten und bewerten, dann 1-2-3-4-

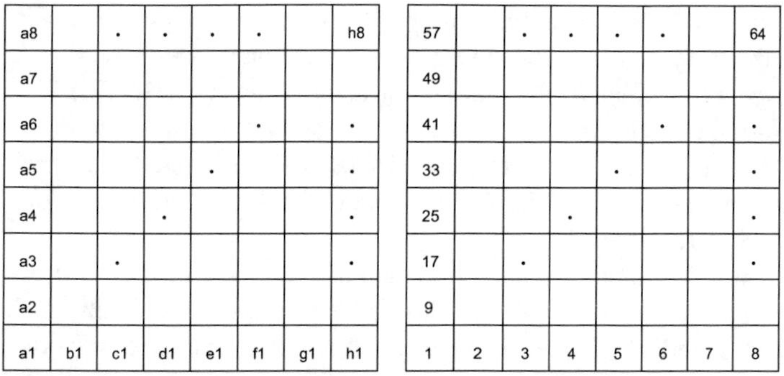

a8	•	•	•	•			h8
a7							
a6			•			•	
a5			•				•
a4		•					•
a3	•						•
a2							
a1	b1	c1	d1	e1	f1	g1	h1

57	•	•	•	•			64
49							
41				•		•	
33				•			•
25			•				•
17	•						•
9							
1	2	3	4	5	6	7	8

Abb. 4.1 Zwei Möglichkeiten die Felder eines Schachbretts zu bezeichnen

5-6-7-9 usw. bis 1-2-3-4-5-6-7-64. Damit sind alle denkbaren Stellungen der letzten Dame durchprobiert und man müsste anfangen, die der vorletzten zu verändern. Also betrachten wir 1-2-3-4-5-6-8-9 (die Folge muss monoton anwachsen!), dann 1-2-3-4-5-6-8-10 usw. Irgendwann kommt dann 1-2-3-4-5-6-63-64 und danach muss die vorvorletzte Dame um einen Platz verschoben werden, so dass 1-2-3-4-5-7-8-9 zu untersuchen ist. Und so weiter und so fort, bis zu guter Letzt die Konfiguration 57-58-59-60-61-62-63-64 drankommt und wir – endlich! – fertig sind. Eine ermüdende Prozedur, nicht wahr? Aber dafür haben wir das Problem mit Sicherheit gelöst, d. h. eine Lösung mit optimaler Bewertung gefunden. Mehr noch, wir haben *alle* derartigen Konfigurationen gefunden und können stolz die entsprechende Anzahl in Tab. 2.1 eintragen.

Mit wachsender Komplexität des Problems stößt die vollständige Enumeration schnell an ihre Grenzen, da die Zahl der möglichen Systemkonfigurationen rasant ansteigt. Auch das hatten wir im N-Damen-Problem bereits gesehen, s. Tab. 2.1: Selbst wenn wir unterstellen, dass das Bewerten einer Konfiguration nur wenige Rechenschritte erfordert, würde das Durchprobieren aller 10^{25} Konfigurationen mit 16 Damen auf dem derzeit schnellsten Rechner der Welt, dem japanischen Fugaku, mehrere Monate Rechenzeit benötigen, für 20 Damen schon Millionen von Jahren und mit 26 Damen weit mehr als das Alter des Universums. Reale Probleme haben aber noch ungleich mehr als 26 Freiheitsgrade!

Zum Glück muss man nicht alles durchprobieren. Einerseits gibt es *offensichtlich unsinnige* Konfigurationen – wenn z. B. alle Damen in einer Reihe stehen, ist auch ohne viel Rechnen klar, dass das nicht optimal sein kann. Andererseits lässt sich durch Methoden wie das im folgenden Abschnitt vorgestellte „branch and bound" die Zahl der zu untersuchenden Konfigurationen drastisch verringern.

Bei kontinuierlichen Problemen ist das vollständige Durchmustern aller Konfigurationen ohnehin unmöglich, heißt doch kontinuierlich gerade, dass diese im wahrsten Sinne des Wortes dicht an dicht liegen. Wir können allerdings den Konfigurationsraum *abrastern*, d. h. mit einem Netz von Punkten überdecken, und uns von jedem dieser Punkte ins nächstgelegene lokale Minimum „rollen lassen" – wie man das am besten macht, wird uns im übernächsten Abschnitt beschäftigen. Ist das Raster hinreichend dicht gewählt, erfassen wir auf diese Weise *alle* Minima der Bewertungslandschaft, und damit sicher auch das gesuchte globale Optimum.

4.2   Teile und herrsche: „branch and bound"

„Wenn Du entdeckst, dass Du ein totes Pferd reitest, steig ab!" lautet eine alte Indianerweisheit. Wir würden vielleicht eher sagen „Wenn dein Flieger nicht fliegt, steig aus" oder „Wenn du merkst, dass Dein Handy kaputt ist, schmeiß weg, kauf neu." Wie auch immer, das tote Pferd oder das kaputte Smartphone stellen sicher keinen optimalen Zustand dar.

Die Branch-and-Bound-Methode macht sich diese Erkenntnis zunutze. „Branch" steht dabei für ein Aufteilen oder Verzweigen des Problems und „bound" für ein Beschränken, ein Eingrenzen der möglichen Werte der Zielfunktion. Die Methode wurde ursprünglich für Probleme des Operations Research entwickelt [1], ist aber von universeller Bedeutung.

Betrachten wir ein Beispiel, s. Abb. 4.2. Die Abbildung zeigt einen Verzweigungsbaum, der durchlaufen werden soll. Denken Sie an einen Affen, der zur Spitze muss, oder an einen Maibaum-Kletterer, was auf dasselbe hinausläuft. Für die Erläuterung des Verfahrens ist es besser, an der Spitze anzufangen, also den inversen Affen zu betrachten. An jedem Verzweigungspunkt kann dabei zwi-

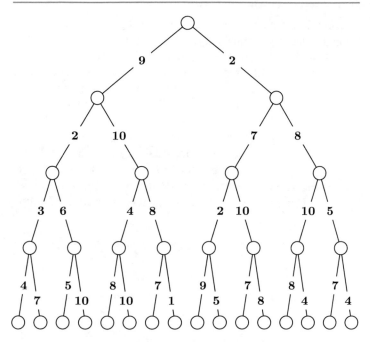

Abb. 4.2 Ein Verzweigungsbaum mit gewichteten Übergängen: Die Bewertung eines Weges von der Spitze bis zum Boden ergibt sich als Summe der Werte an seinen vier Abschnitten

schen zwei Wegen gewählt werden, und jeder Weg führt nach einer gewissen Entfernung zu einer neuen Gabelung, die Entfernungen sind an den Wegen angezeigt. Gesucht ist der kürzeste Weg von der Spitze bis zum Boden.

Um diesen zu finden, könnte man natürlich wieder alle möglichen Wege durchprobieren. Da gibt es zunächst zwei Möglichkeiten, von der Spitze eine Ebene hinabzuklettern: nach links oder nach rechts. Jede dieser Möglichkeiten verzweigt sich wieder in 2, usw. usf. Wenn der Baum n Ebenen hat (die Spitze nicht mitgezählt), gibt es also 2^n mögliche Wege. Im Baum von Abb. 4.2 gibt es zum Glück nur 4 Ebenen, das macht dann $2^4 = 16$ Wege und kann mit vertretbarem Aufwand behandelt werden. Was aber, wenn es 40 Ebenen gibt? 2^{40} ist schon mehr als eine Billion. Und bei 400 Ebenen? Angesichts der Zahl an Möglichkeiten würden sogar die 26 Damen aus Tab. 2.1 vor Neid erblassen.

„Branch and bound" hilft nun, diese riesige Menge möglicher Konfigurationen systematisch zu verkleinern. Dazu wird zunächst *irgendeine* Konfiguration bewertet – im Falle des Verzeigungsbaums ist eine Konfiguration ein konkreter Weg von oben nach unten – und alle weiteren werden dann *schrittweise* generiert. Sobald bei diesem Aufbau zu erkennen ist, dass es kein gutes Ende nehmen kann, dass die neue Konfiguration also *mit Sicherheit* schlechter ist als die beste bislang gefundene, wird ihr Aufbau gestoppt und die nächste betrachtet – das tote Pferd lässt grüßen!

Abb. 4.3 demonstriert dies für den Baum aus Abb. 4.2: Die als erste betrachtete Konfiguration ist der blau markierte Weg mit der Länge 18. Um ihn zu erhalten, wurde an allen vier Verzweigungs-

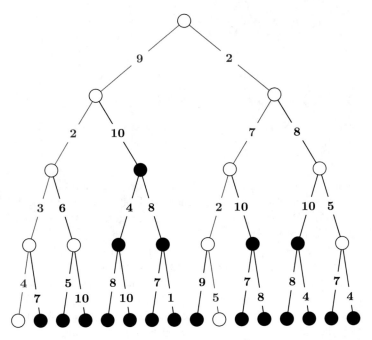

Abb. 4.3 Lösungsfindung mittels „branch and bound": Von links beginnend werden nach und nach die Bewertungen der verschiedenen Wege miteinander verglichen. Übersteigt die Bewertung eines Weges schon nach Durchlaufen eines Teilstücks den bisher gefundenen besten Wert, muss er nicht weiterverfolgt werden

punkten jeweils der linke Abzweig genommen, nennen wir ihn deshalb den LLLL-Weg. Danach wird die zweite Konfiguration betrachtet, bei der der letzte Abzweig nach rechts geht: LLLR. Dann LLRL und LLRR, jeweils mit schlechterer Bewertung und deshalb schwarz markiert. Dann LR – ups, da hat der Weg ja schon die Länge 19, und wir sind noch gar nicht am Ziel. Hier brauchen wir also gar nicht weiter zu suchen: *Alle* Wege, die mit „LR" beginnen, können verworfen werden!

Als nächstes werden die Wege betrachtet, die von der Spitze aus gleich nach rechts gehen. Also zunächst RLLL: Er hat die Länge 20, bringt also kein neues Minimum. Aber dann RLLR: Länge 16, neuer Rekord! – alle Wege müssen sich in Zukunft an *ihm* messen. Nach und nach nehmen wir uns auf diese Weise weitere Wege vor. Die Bewertung kann dabei oft schon nach wenigen Schritten gestoppt werden – im Bild sind die Punkte, ab denen Wege nicht weiterverfolgt werden müssen, durch schwarze Kreise markiert. Im konkreten Beispiel mussten durch diese Vorgehensweise statt 16 nur 8 Wege vollständig berechnet werden, bei anderen Problemstellungen ist die Einsparung häufig noch weit größer.

Beim N-Damen-Problem könnte eine entsprechende Vorgehensweise darin bestehen, mit der Aufstellung einer Dame zu beginnen und die Damen, eine nach der anderen, hinzuzufügen – so würde man ja auch mit realen Schachfiguren vorgehen. Nach jedem Hinzufügen erfolgt eine Bewertung der Konfiguration – und sobald sich ein Wert ungleich null ergibt, sich 2 oder mehr Damen also schlagen könnten, wird das Hinzufügen gestoppt und stattdessen die nächste Position ausprobiert. In der Realität müssen wir – zumindest am Anfang – nicht einmal groß rechnen, sondern sehen auf einen Blick, ob die hinzugefügte Dame in Konflikt mit den anderen gerät. Noch einfacher wird es, wenn nach jedem Hinzufügen einer Dame *die* Felder angezeigt werden, auf die man noch Figuren setzen darf, ohne dass sich Letztere schlagen können. Gibt es keine solchen Felder mehr und sind noch Damen „übrig", ist man offenbar in eine Falle geraten und braucht die jetzige Konfiguration nicht weiter zu verfolgen.

Die Zahl der auszutestenden Kombinationen sinkt dadurch drastisch, ist aber immer noch unüberschaubar groß. Zur Bestimmung der optimalen Konfigurationen, insbesondere zur Fest-

stellung *aller* Lösungen, kommen bei vielen Problemen daher
noch wesentlich ausgefeiltere Algorithmen zur Anwendung,
deren Darstellung weit über den Rahmen dieses Buches hinaus-
gehen würde. Verwiesen sei lediglich auf die besondere Bedeutung
des „branch and bound" bei der Lösung *ganzzahliger* Probleme,
bei denen im Rahmen des in Abschn. 4.6 vorgestellten Simplexverfahrens große Teile des Konfigurationsraums durch eine geeignete Abfolge von Vereinfachungen des ursprünglichen Problems ausgeschlossen werden können.

4.3   Rolling home: Newtonverfahren und Gradientenmethode

Kommen wir nun zur Bestimmung der Optima über einem
kontinuierlichen Konfigurationsraum. Dabei soll uns zunächst die
Frage beschäftigen, wie man von einer Konfiguration ins nächstgelegene *lokale* Optimum gelangt. Es kann ja durchaus sein, dass
man damit auch bereits das globale gefunden hat, z. B. weil es
überhaupt nur *ein* Optimum gibt, oder weil man bei der Wahl der
Start-Konfiguration einfach Glück gehabt hat. Und wie man *generell* zum globalen Optimum gelangt, untersuchen wir in Kap. 5.
Aber für den Anfang ist ein lokales Optimum immerhin ein Schritt
in die richtige Richtung: Vieles im Leben wäre besser, wenn man
es wenigstens lokal optimieren würde – denken Sie bloß an die
Gestaltung des Arbeitsplatzes, wo Werk- oder Schreibzeuge oft
nicht am idealen Platz liegen und die Einstellung von Stuhl oder
Bildschirm jedem Ergonomieberater die Haare zu Berge stehen
lassen würde. Oder an den Fahrplan des örtlichen öffentlichen
Nahverkehrs. Da wäre schon viel gewonnen, wenn einem die An-
schlussbahn nicht immer direkt vor der Nase wegfahren würde –
man muss nicht gleich den ganzen Fahrplan in Frage stellen, um
sich etwas besser zu fühlen.

In Abschn. 3.4 hatten wir zu entscheiden, ob wir lieber Minima
oder Maxima der Bewertungsfunktion bestimmen wollen. Wie
gut, dass wir uns auf die Suche nach *Minima* verständigt haben!
Wir können uns jetzt in Gedanken einfach auf die Landschaft stellen, den Abhang hinunterrollen lassen – „nach Hause" – und

schon landen wir in einem Optimum. Das ist natürlich nur ein lokales, wer sich blindlings rollen oder fallen lässt, verliert nun mal den Sinn „für's Ganze". Und wem das Selber-Rollen zu beschwerlich oder zu abenteuerlich ist, der stelle sich einfach eine Kugel, einen Ball oder die erwähnte Murmel vor und lasse diese rollen.

Bildhaft ist damit alles gesagt, aber wie lässt man eine Murmel im Computer rollen? Welche Schritte muss man also gehen, um ein lokales Minimum zu finden? Wie sieht der entsprechende Algorithmus aus? Betrachten wir dazu die einfachsten Funktionsverläufe, die man sich vorstellen kann:

Da wäre zunächst die *Konstante*: Für alle Konfigurationen des Systems ist die Bewertung ein und dieselbe. In Abschn. 3.4 hatten wir als Beispiele den ewigen Glückspilz wie auch den ewigen Pechvogel angeführt. In beiden Fällen ist Hopfen und Malz verloren, was immer er macht, sein Leben wird nicht schlechter, aber auch nicht besser – alles ist gleich viel oder gleich wenig optimal.

Als nächstes kommen *lineare* Funktionen in Frage. Wenn wir die möglichen Konfigurationen auf der x-Achse eines Diagramms auftragen und die zugehörigen Bewertungen auf der y-Achse, ist z. B. $y = 2 \cdot x$ eine solche Funktion. x könnte dabei für die Zeitdauer stehen, während der ein elektrisches Gerät angeschaltet ist, y für den Energieverbrauch. Sicher hat diese Funktion ein Maximum, allerdings liegt es im Unendlichen und ist selbst unendlich groß. Und dass sie ein Minimum bei null hat, liegt nur daran, dass es keinen negativen Verbrauch gibt. Oder denken Sie bei x an ein Bankguthaben und bei y an dessen Höhe nach einiger Zeit der Zinszahlungen darauf. In diesem Fall kann x durchaus auch negative Werte annehmen, das Minimum würde dann an der unteren Grenze des Überziehungsrahmens liegen – wohl dem, der dieses „Optimum" noch nie zu spüren bekam.

Auch bei linearen Funktionen hat also die Suche nach dem Optimum nicht viel Sinn: dass (unendlich) viel Geld (unendlich) gut ist, und (unendlich) viel Kontoüberziehung (unendlich) schlecht, erscheint auch ohne viel Mathematik klar – abweichende Ansichten haben ihren Ursprung eher in Überlegungen, die nicht finanzmathematischer Natur sind. Trotzdem wollen wir lineare Funktionen nicht gleich ganz aus unserer Betrachtung ausschließen. Wenn wir nämlich geeignete *Nebenbedingungen* hinzufügen, also den Raum der zugelassenen Konfigurationen einschränken, kann es durchaus ein Optimum geben – wir kommen darauf in Abschn. 4.6 zurück.

Betrachten wir als nächstes *quadratische Funktionen*. In Abb. 3.5a und b sind zwei Beispiele gezeichnet. Die grafische Darstellung zeigt hübsche Parabeln, und die haben ganz offensichtlich ein Extremum: Im Fall von Abb. 3.5a ein Minimum, und in Abb. 3.5b ein Maximum! Das Minimum liegt dort, wo der Verlauf der Funktion von einem abfallenden Ast in einen ansteigenden übergeht, der *Anstieg* oder, wie die Mathematiker sagen, die *Ableitung*, der Funktion ist dort gerade null. Wenn wir also *den x*-Wert finden, in dem die Ableitung der Bewertungsfunktion null ist, dann haben wir das Minimum der Funktion erfasst. Allerdings kann es sein, dass wir auf diese Weise auch auf ein Maximum stoßen – dann nämlich, wenn die Parabel sich nach unten öffnet wie in Abb. 3.5b. Wir müssen also am Ende immer noch kontrollieren, wie sich die Funktion *in der Nähe* des gefundenen Optimums verhält: steigt sie an, ist es ein Minimum, fällt sie ab, war es ein Maximum, und verhält sie sich wie in Abb. 3.5c, so haben wir Pech gehabt und gar kein Extremum vorliegen, sondern einen *Wendepunkt*.

Extrema lassen sich also finden, indem man bestimmt, wo die Ableitung der Funktion null ist. Für quadratische Funktionen geht das ganz einfach: die Ableitung definiert eine *Gerade*, und wo diese die *x*-Achse schneidet, da liegt die Nullstelle. Was aber tun bei komplizierteren Funktionsverläufen? Hier helfen uns zum Glück wieder die großen Geister der Weltgeschichte! Eines der ersten Verfahren zur näherungsweisen Bestimmen der Extrema beliebiger Funktionen geht auf Isaac Newton (1643–1727) zurück. Der Überlieferung nach war es ein Apfel, der ihm beim, sagen wir, Nachdenken auf den Kopf fiel und ihn zur Formulierung des Gravitationsgesetzes und der nach ihm benannten Gesetze der klassischen Mechanik anregte. Besagter Apfel rollte anschließend aber offenbar auch noch in die nächste Rasenkuhle, bevor er zur Ruhe kam. Und schon war das *Newtonverfahren* erfunden!

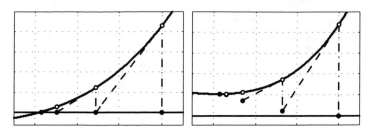

Abb. 4.4 Iterative Bestimmung von (a) Nullstelle („Newtonverfahren")
bzw. (b) Minimum („Gradientenmethode") einer Funktion: Ausgehend von
einem zufälligen Startwert wird ein Schritt entlang der Tangente an dieser
Stelle gemacht und so der nächste Näherungswert bestimmt

▶ Tangente: Gerade, die eine Kurve in einem Punkt berührt, die
also in diesem Punkt denselben Anstieg hat

Die Methode beruht auf dem oben angeführten Zusammenhang zwischen den Extrema der Funktion und den Nullstellen
ihrer Ableitung und bestimmt Letztere *iterativ*. Dazu startet man
von einem beliebigen Punkt der Ableitung aus und zeichnet die
Tangente in diesem Punkt (s. Abb. 4.4a). Dort, wo deren Schnittpunkt mit der x-Achse liegt, befindet sich der *erste* Näherungswert der Nullstelle. Fährt man von diesem x-Wert fort und wiederholt dieselbe Prozedur, erhält man die *zweite* Näherung, die noch
dichter an der gesuchten Nullstelle liegt. Setzt man das Verfahren
fort, bis man die Geduld verliert, erhält man eine beliebig gute
Annäherung an den exakten Wert. Gewöhnlich reichen schon 2
bis 3 Iterationen; bei quadratischen Funktionen genügt sogar
schon ein einziger Iterationsschritt zur exakten Bestimmung – ergibt doch ihre Ableitung in allen Punkten ein und dieselbe Gerade.

Soviel zur schönen Welt der Funktionen und zurück in die raue
Realität praktischer Optimierungsaufgaben: Alles soeben Beschriebene setzt nämlich voraus, dass wir die *mathematische
Form* der Bewertungsfunktion kennen. Normalerweise haben wir
aber nur eine *Rechenvorschrift*, die eine Bestimmung der Bewertung Punkt für Punkt erlaubt. So ist bei der Suche nach der
optimalen Konfiguration der N Damen die Vorschrift klar: Nimm

dir alle Paare von Damen vor und zähle, wie oft es dabei vorkommt, dass die beiden einander sehen. Aber welche Summe sich dabei ergibt, wissen wir erst, wenn wir sie ausgerechnet haben. Die Bewertungslandschaft liegt gewissermaßen im Dunkeln, und erst durch die Suche nach dem Optimum erhellen wir sie – und das auch nur an den Punkten, an denen wir bisher vorbeigekommen sind!

Um von irgendeinem Startpunkt aus zu einem lokalen Minimum zu gelangen, müssen wir einen Schritt „nach unten" tun. Aber wie groß sollte dieser Schritt ausfallen? Ist man zu zögerlich, kommt man jedes Mal nur eine Winzigkeit voran, wenn auch in die richtige Richtung, das Verfahren braucht dann unnötig lange. Macht man aber einen zu großen Schritt, kann es passieren, dass man das Einzugsgebiet des lokalen Minimums verlässt und irrlichternd über die Bewertungslandschaft huscht. Die Bestimmung der optimalen Schrittlänge ist denn auch eine Wissenschaft für sich – in Abb. 4.4b sind einige Schritte dargestellt, die weder zu groß noch zu klein sind.

Ein Problem gibt es aber immer noch: Wir haben bisher unterstellt, dass sich alle Konfigurationen entlang *einer* Achse, der *x*-Achse, anordnen lassen. Das ist aber im Allgemeinen nicht der Fall! Bereits bei der Suche nach dem optimalen Standort brauchten wir *zwei* Achsen, um sowohl den Abstand vom westlichsten Punkt als auch den vom südlichsten auftragen zu können. Länder und damit auch Landkarten sind nun mal zweidimensional (ganz zu schweigen davon, dass die Erde in Wahrheit eine Kugel mit Bergen und Tälern ist und so sogar noch eine dritte Dimension mit ins Spiel genommen werden müsste).

Wir brauchen also zur Erfassung der Konfigurationen zwei Koordinaten, z. B. x für die geografische Breite, und y für die geografische Länge. Die Bewertungsfunktion hängt dann sowohl von x als auch von y ab. Der Verlauf in der Umgebung eines stationären Punktes entspricht einer der in Abb. 3.5d bis i gezeigten Möglichkeiten, die genaue Form kann nur durch konkrete Berechnung aller interessierenden Konfigurationen bestimmt werden. Abb. 2.4 zeigt aber, dass – näherungsweise – die Verallgemeinerung der Parabel auf den zweidimensionalen Fall ein *Paraboloid* ist – ein Gebilde also, das nach allen Richtungen hin quadratisch ansteigt. Analog gleicht die Landschaft über einem 3-, 4-, …-dimensionalen Konfigurationsraum in der Umgebung lokaler Minima näherungsweise einem 3-, 4-, …-dimensionalen Paraboloid.

Um ins Minimum zu gelangen, wird dann in Verallgemeinerung der in Abb. 4.4b illustrierten Vorgehensweise die *Methode des steilsten Abstiegs* („steepest descent") angewendet. Sie geht nach dem Grundsatz vor: „Wenn Du schnell nach unten willst, so nimm den steilsten Weg". Mathematisch gesehen wird dazu in jedem Punkt der Suche der *Gradient* bestimmt. Das ist ein Vektor, der den Anstieg der Funktion entlang der verschiedenen Richtungen enthält. Wenn wir einen Schritt *genau entgegengesetzt* zu diesem Vektor vollführen, gehen wir *bezüglich jeder Richtung* garantiert nach unten, und zwar so steil wie möglich. Jeder, der schon einmal in hügeligem Gelände unterwegs war, weiß: Das muss nicht unbedingt den *schnellsten* Weg ergeben und nicht unbedingt ins *tiefste* Tal führen. Aber er bringt uns *mit Sicherheit* ins nächstgelegene lokale Optimum.

4.4   Alles ist erlernbar: künstliche Neuronale Netze

Die Methode des steilsten Abstiegs bildet denn auch die Grundlage eines zentralen Verfahrens der sich rasant entwickelnden Künstlichen Intelligenz: des maschinellen Lernens mittels (künstlicher) Neuronaler Netze. Schon wieder ein Netz, können Sie sagen. Haben wir nicht gerade erst das Nachbarschaftsnetz des N-Damen-Problems kennengelernt. Und in Kap. 9 werden wir Verkehrs- und Energienetze betrachten … Aber das Neuronale Netz des menschlichen Gehirns ist etwas ganz Besonderes: An die 100 Milliarden Nervenzellen sind auf komplizierte Weise miteinander verbunden, ja geradezu verwoben. Jede Zelle hat dabei Kontakt mit bis zu 10.000 Nachbarn. Und dieses Netz befähigt uns, die von den Sinnesorganen einströmenden Informationen aufzunehmen, zu sortieren, zu verallgemeinern, zu speichern, aus ihnen Schlüsse zu ziehen, mit einem Wort: zu lernen.

Ist es da nicht verführerisch, eine solche Struktur zur Grundlage auch des Lernens eines Roboters oder generell eines computergestützten Systems zu machen? Künstliche Neuronale Netze und die dazu passenden Algorithmen setzen diesen Gedanken um. Na ja, ansatzweise, auf einer Karikatur der realen Neuronen, bestenfalls einen Teilaspekt der natürlichen Fähigkeiten herausgreifend. Aber immerhin, sie ermöglichen ein Lernen – wenn das Netz groß genug ist, sogar ein „deep learning" mit seinen beeindruckenden Erfolgen in der Objekterkennung, der Sprachverarbeitung u. v. a. m.

In Abb. 4.5 sind zwei Beispiele derartiger Netze gezeigt, natürlich nicht gleich mit 100 Milliarden Neuronen, sondern mit 2 Eingangs- und einem Ausgangsneuron. Im linken Teil der Abbildung bilden diese auch schon das ganze Netz – ein wirklich sehr einfaches „Gehirn"! Trotzdem ist es schon in der Lage, einfachste logische Operationen wie die UND-Verknüpfung zweier Wahrheitswerte zu erlernen. Repräsentieren wir dazu „wahr" als 1 und „falsch" als 0. Und geben wir diese Werte auf die Inputneuronen. Als Output des UND-Netzes soll sich genau dann eine 1 ergeben, wenn beide Inputwerte gleich 1 sind, ansonsten soll der Output 0 sein – nur „wahr" UND „wahr" ist eben „wahr", während „wahr" UND „falsch" wie auch „falsch" UND „wahr und natürlich auch „falsch" UND „falsch" als Ergebnis „falsch" haben.

Wie kann unser Mini-Netz nun *lernen*? Welche Möglichkeiten hat es, sich an die Anforderung, richtig UND „sagen" zu können, *anzupassen*? Das Geheimnis liegt in den *Beziehungen* zwischen den Neuronen. Genau wie beim menschlichen Lernen können auch im künstlichen neuronalen Netz Verbindungen, die zur Erfüllung einer Aufgabe beitragen, gestärkt, andere hingegen geschwächt werden, bis sich eine optimale Konfiguration einstellt. Dazu werden die *Ausgangsstärken* jedes Neurons auf ihrem Weg zu den nächsten Neuronen mit *Gewichtsfaktoren* multipliziert, s. Abb. 4.5, und dadurch die Eingangssignale an diesen reguliert.

Um richtig lernen zu können, brauchen wir aber noch eine weitere Zutat, nämlich die *nichtlineare Verarbeitung* des Eingangssignals im Neuron. Natürliche Neuronen *feuern* nämlich, d. h. sie erzeugen ein Ausgangssignal erst, wenn der Input hinreichend stark ist! Kommt Ihnen das irgendwie bekannt vor? Ich habe jeden-

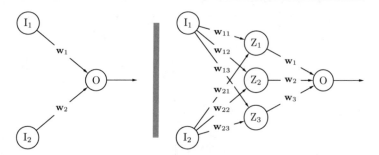

Abb. 4.5 Künstliche Neuronale Netze ohne (links) bzw. mit Zwischen-schicht (rechts). Die Signale der Inputneuronen I_1 und I_2 werden mit Ge-wichtsfaktoren multipliziert, bevor sie die nächsten Neuronen erreichen, bis schlussendlich ein Outputsignal entsteht

falls schon des Öfteren zu hören bekommen „wie deutlich soll ich es denn noch sagen …", oder „was muss denn noch passieren, damit du …" – manchmal habe ich sogar selbst so zu meinen Kindern gesprochen … Nicht nur unsere Neuronen, sondern auch wir „als Ganzes" brauchen offenbar eine gehörige Eingangsstärke, damit eine nennenswerte Reaktion erfolgt. Und auch auf dem Niveau der einzelnen Nervenzelle erweist sich ein derartiger Zusammenhang als zentrale Voraussetzung für die Befähigung zum Lernen! In künstlichen Neuronen wird dieses Verhalten durch eine *Aktivierungsfunktion* umgesetzt, die für schwache Eingangssignale praktisch = 0 ist, um einen Schwellenwert herum (in meinem Beispiel auf 0,5 gesetzt) aber stark ansteigt, s. Abb. 4.6.

Mit diesen Zutaten können wir nun endlich zum Lernen des UND-Netzes kommen. Dazu berechnen wir für beliebige Gewichte den entstehenden Fehler, d. h. die Abweichung der Vorhersage des Netzes vom gewünschten Ergebnis, s. Abb. 4.7. Sind beide Gewichte groß, beträgt dieser Wert 2. Es reicht dann nämlich aus, dass *ein* Inputneuron „wahr" signalisiert, also eine 1 aussendet, um den Schwellenwert von 0,5 am Outputneuron zu überschreiten. Sowohl die Inputkombination „wahr" – „falsch" als auch „falsch" – „wahr" erzeugen dann ein „wahr" am Output, was offensichtlich beides nicht richtig ist. Sind andererseits beide Gewichte = 0, so ist auch der Output gleich 0, was zu einem Fehler

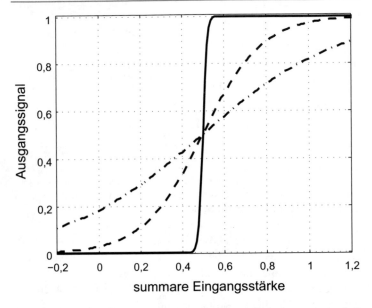

Abb. 4.6 Aktivierungsfunktion eines künstlichen Neurons: Erst oberhalb einer gewissen Eingangsstärke wird ein Ausgangssignal erzeugt. Dieses „Feuern" des Neurons kann entweder schlagartig bei Überschreiten eines Schwellwerts erfolgen (durchgezogene Linie) oder allmählich (Strich- und Strichpunktlinie). Das nichtlineare Verhalten des Neurons ist eine entscheidende Voraussetzung für die Befähigung neuronaler Netze zu lernen

von 1 führt, da „wahr" UND „wahr" als Ergebnis „falsch" haben würde.

Irgendwo in der Mitte – konkret bei $w_1 = w_2 = 1/3$ – liegen jedoch die optimalen Werte der Gewichtsfaktoren. Die Fehlerlandschaft hat an dieser Stelle ihr Minimum und wenn wir mit zufälligen Gewichten starten, führt uns die Methode des steilsten Abstiegs genau dorthin, s. die roten Punkte in Abb. 4.7.

Kompliziertere Aufgaben erfordern natürlich kompliziertere Netze. Das Standardverfahren zu deren Konstruktion besteht im Einfügen einer oder mehrerer Zwischenschichten, s. die rechte Seite von Abb. 4.5. Damit erhöht sich auch die Anzahl der Gewichtsfaktoren und wir bekommen es mit einem vieldimensionalen Optimierungsproblem zu tun. Die Vorgehensweise bleibt aber die

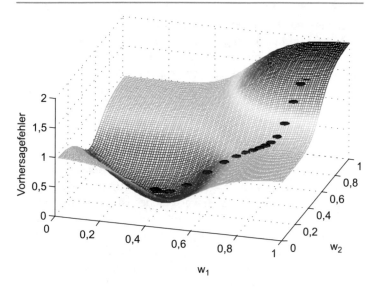

Abb. 4.7 Fehlerlandschaft und Lerntrajektorie des UND-Problems. Gezeigt ist die Abweichung des Outputsignals vom richtigen Wert in Abhängigkeit von den Gewichtsfaktoren w_1 und w_2. Ausgehend von zufälligen Startwerten werden die Gewichte mit der Methode des steilsten Abstiegs schrittweise verbessert, bis sie bei $w_1=w_2=1/3$ das Minimum der Landschaft erreichen und den Fehler dadurch auf Null führen (rote Punkte)

gleiche: Starte mit zufälligen Gewichtsfaktoren, berechne jeweils die Abweichung des Netz-Outputs vom gewünschten Wert und wende die Methode des steilsten Abstiegs an um diese Abweichung zu verringern. Die Netzarchitektur, insbesondere Anzahl und Größe der Zwischenschichten, muss dabei stets der konkreten Aufgabe angepasst werden und das Prinzip „viel hilft viel" ist nur bedingt richtig: mit wachsender Anzahl an vernetzten Neuronen haben wir zwar wesentlich mehr Freiheitsgrade und können grundsätzlich schwierigere Probleme lösen. Aber wir bekommen auch eine wesentlich kompliziertere Fehlerlandschaft und die Gefahr, beim Lernen in lokalen Minima hängenzubleiben, steigt.

Haben wir damit den Schlüssel gefunden, wie *wir*, Sie und ich lernen? Vielleicht ein klitzekleines bisschen, eine Komponente davon. Schließlich muss jedes Neugeborene in mühsamen und scheinbar endlosen Wiederholungen erst alles erlernen. Von den unbeholfenen, monatelangen Versuchen, Gegenstände irgendwie zu greifen, d. h. Augen und Hände zu koordinieren (was mit ca. 4 Monaten erstmals gelingt) bis zu den ersten Steh- und Geh-Aktivitäten Ende des ersten Lebensjahres. Auch die Objekterkennung muss gelernt werden. Ich erinnere mich, wie unsere Enkeltochter anfangs alles, was sich bewegte und Laute von sich gab, als „WauWau" bezeichnet hat. Einige Monate später kam die erste Differenzierung: sie sagte zu einer Katze „Miau" und ich dachte „Wau", pardon „Wow", jetzt hat sie's! Leider stellte sich heraus, dass sie in ein Minimum der Klassifizierungslandschaft gerutscht war, das von unserem verschieden ist: „WauWau" waren für sie nämlich alle großen Tiere und „Miau" alle kleineren …

Mittlerweile kann sie natürlich fehlerfrei Hunde von Katzen unterscheiden. Und sie hat dafür – im Unterschied zu den künstlichen Neuronalen Netzen – ganz sicher nicht mehrere Millionen Tiere und Tierbilder anschauen müssen. Die Natur hat in ihrer Milliarden Jahre dauernden Evolution also offenbar noch eine Reihe weiterer Tricks „erfunden", die ein effizientes Lernen erlauben. Und sie hat es uns sogar ermöglicht, lokale Minima zu verlassen und immer wieder nach besseren Lösungen zu suchen!

4.5   Klein, aber fein: die Methode der kleinsten Quadrate

Einen wichtigen Spezialfall der kontinuierlichen Optimierung stellt die Methode der kleinsten Quadrate dar. Sie geht auf den genialen deutschen Mathematiker Carl Friedrich Gauß (1777–1855) zurück. Herr Gauß hatte seine Finger in viele mathematische Wunden gelegt. Erinnert sei nur an die Gaußverteilung, die den Startpunkt der Darlegungen in [2] gebildet hat. Oder an seinen Beitrag zur Theorie elliptischer Kurven, die heute als das Nonplusultra der Verschlüsselungstechnik gilt.

Die Methode der kleinsten Quadrate bestimmt die optimale Lage einer Linie durch eine Punktwolke. Zur Bestimmung des Optimums reicht dabei, der Name sagt es, die Betrachtung qua-

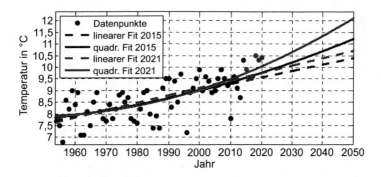

Abb. 4.8 Entwicklung der Jahresmitteltemperaturen Deutschlands mit linearem und quadratischem Fit. Die schwarzen Kurven entsprechen der Vorhersage auf Basis der Daten bis 2015, die darüber liegenden roten der aktuellen Prognose

dratischer Größen aus – im vorangegangenen Abschnitt haben wir gesehen, dass das Minimum in diesem Fall *exakt* bestimmt werden kann.

▶ Punktwolke: Menge von mehr oder weniger zufällig verteilten Datenpunkten (s. z. B. Abb. 4.8)

Als Beispiel sei hier beschrieben, wie sich die Jahresmitteltemperatur Deutschlands in den vergangenen 6 Jahrzehnten entwickelt hat. Dabei soll uns nicht interessieren, wie diese ermittelt wird, und vermutlich hat sich die zugehörige Methodik auch im Laufe der Jahre verändert: An die Stelle des zuständigen Meteorologen, der früher bei Wind und Wetter mit dem Thermometer vor die Tür musste, sind automatische Messstationen getreten und auch das Netz der Beobachtungsstellen ist dichter geworden. Vielleicht hätten die heutigen Messmethoden ein Zehntel Grad mehr oder weniger geliefert, wesentlich andere Jahresmittelwerte hätten sich aber sicher nicht ergeben.

Nehmen wir also die Daten der Vergangenheit und schauen, wie es um die Erd-, pardon: Deutschland-, Erwärmung bestellt ist, s. Abb. 4.8. Betrachten wir zunächst die Punkte. Sie stellen die Werte Jahr für Jahr dar [3]. Ganz schön zappelig, nicht wahr? Mal liegt der Wert unter 7 Grad Celsius, mal kommt er an die 10 Grad heran, und in den vergangenen acht Jahren hat er sie sogar mehrmals überschritten. Drei Grad Unterschied, und das im Jahresmittel, d. h. sommers wie winters, Tag wie Nacht, bei Regen und bei Sonnenschein – das sind schon deutliche Unterschiede, die unser Wohlbefinden gehörig beeinflussen können!

All diese Jahre, die kalten wie die heißeren, sind jedoch unwiederbringlich vorbei. Können wir denn aus ihnen auf zukünftige Entwicklungen schließen? Aus so einer wild fluktuierenden Menge von Daten kann man doch sicher keine Schlussfolgerungen ziehen, oder? Nun doch, etwas schon: Dass die Punktwolke irgendwie „nach oben" zieht, erkennt man schließlich mit bloßem Auge. Es ist also in den vergangenen Jahrzehnten tendenziell wärmer geworden – und vermutlich wird sich dieser Trend auch in der Zukunft fortsetzen. Aber können wir diesen Eindruck auch *quantitativ* fassen – die Politiker wollen schließlich wissen, ob es nun „bloß" 2 Grad mehr werden, oder doch eher 4. Welten liegen zwischen diesen beiden Zahlen, was jetzige und zukünftige Entscheidungen betrifft, ja geradezu die Alternative zwischen „alles wird gut" und „Weltuntergang", glaubt man manchen Propheten. Aber für unsere Kinder und Kindeskinder hängt das Wohl und Wehe der Welt in der Tat auch von diesen zwei Zahlen ab.

Benutzen wir also das in Abschnitt 4.3 erarbeitete Instrumentarium, indem wir versuchen eine *Trendkurve* durch die Daten zu legen – die Mathematiker sprechen auch von einer *Anpassungskurve* oder einem *Fit;* der zugehörige Prozess der Datenanalyse heißt demzufolge *fitten.* Der Fit stellt die Kurve dar, die an die betrachteten Daten optimal angepasst ist, die also den kleinstmöglichen Abstand von den Punkten hat. Aber halt, das ist zu lax formuliert! Es sind ja schließlich *viele* Punkte, und es geht wieder um die *Abstandssumme* – ganz analog zu dem in Abschn. 2.2 betrachteten summaren Abstand einer Anlage zu den Städten Deutschlands. Im Unterschied zu der dortigen Abstandsfunktion wird in der Methode der kleinsten Quadrate aber die Summe der *Quadrate* der Abstände genommen. Ein Punkt kann schließlich oberhalb der Trendkurve liegen, sein Abstand ist dann positiv, ein anderer unterhalb, der hätte einen negativen Abstand zu ihr. Und da die Kurve optimal durch die Punktwolke gehen soll, addieren sich die Abstände gerade zu null – erst die Summe der Quadrate ergibt ein sinnvolles Maß für die mittlere Abweichung.

Es gibt einen weiteren Unterschied zu den Betrachtungen von Abschn. 2.2: Dort haben wir die optimale Lage, den optimalen Punkt gesucht, die Mitte Deutschlands eben. Jetzt suchen wir eine *Funktion*. Und Funktionen gibt es ungleich mehr als Punkte! Wir können den Trend als *lineare* Funktion ansetzen, oder eine *quadratische* annehmen – oder was uns sonst noch gefällt.

Die Wahl des Typs der Fitfunktion hat entscheidenden Einfluss auf den Trend, der aus ihr folgt. In Abb. 4.8 ist das anhand des Vergleichs eines linearen Fits mit einem quadratischen gezeigt. In den ersten Jahren scheint die Differenz der beiden Funktionen nicht groß zu sein, sie offenbart sich sogar erst bei näherem Hinschauen. Das ist auch kein Wunder, stellen doch beide – jeweils auf ihre Art – optimale Anpassungen der vorhandenen Datenpunkte dar. Aber wenn wir die erhaltenen Trends in die Zukunft fortschreiben, offenbart sich das ganze Dilemma: Der quadratische Trend steigt wesentlich schneller an als der lineare. Das war bereits in der ersten Auflage des Buches 2015 deutlich zu erkennen, s. die schwarzen Linien in Abb. 4.8. Für 2100 hatte der lineare Fit damals einen Anstieg der Temperatur von aktuell ca. 9,4 °C auf 11,8 °C vorhergesagt, der quadratische aber ein Anwachsen auf 14,7 °C. Noch dramatischer wird der Unterschied der Vorhersagen, wenn man die Daten der zurückliegenden 6 Jahre einbezieht (s. rote Kurven in Abb. 4.8): Während die Veränderung im linearen Fit noch moderat ausfällt, sagt der quadratische schon für 2050 eine Jahresmitteltemperatur von über 12 °C voraus; für 2100 kommt er auf sage und schreibe 17,1 Grad!

Ein Trend sagt also einen Anstieg um gut 2 Grad voraus, der andere – um fast das Vierfache! Ist der Streit um die globale Klimaerwärmung, der in Wissenschaft und Politik geführt wird, letzten Endes nur einer um die Wahl der „passenden" Datenbasis und der „richtigen" Trendfunktion?

Sicher nicht: Wissenschaftliche Klimamodelle basieren schließlich nicht bloß auf den Temperaturwerten der Vergangenheit, sondern berücksichtigen Vorhersagen des CO_2-Gehalts der Atmosphäre, Prognosen der regionalen und weltweiten Industrieproduktion u. v. a. m. Sie unterstellen das eine oder andere Szenario der Entwicklung der Menschheit – und *jede* Vorhersage liegt mittlerweile deutlich über dem ach so schönen 1,5-Grad-Ziel. Wie die Entwicklung aber *konkret* verlaufen wird, ist extrem schwer abzuschätzen und die beschriebene Willkür in der Wahl der Trendfunktion trägt mit zu dieser Unbestimmtheit bei. Es zeigt sich eben auch hier die tiefe Weisheit des Ausspruchs „Prognosen sind schwierig, besonders wenn sie die Zukunft betreffen" [4].

4.6   Immer an der Wand lang: das Simplexverfahren

Zum Abschluss dieses Kapitels sei noch ein Verfahren vorgestellt, das für die Behandlung *linearer Probleme mit Randbedingungen* von zentraler Bedeutung ist.

Betrachten wir zunächst ein Beispiel: Für die Bestückung eines Solarpanels stehen zwei verschiedene Sorten von Solarzellen zur Verfügung. Die erste („A") hat einen Wirkungsgrad von 10 %, kostet eine Geldeinheit und belegt 1 Flächeneinheit. Der Wirkungsgrad der zweiten Sorte („B") beträgt 20 %, sie kostet das Dreifache der ersten und belegt das 1,5-fache an Fläche. Wie bestücken Sie das Panel, um eine maximale Ausbeute zu erzielen? Die Panelfläche soll, sagen wir, 35 Einheiten betragen, und kosten darf das Ganze höchstens 50 Geldeinheiten.

Hm, was haben wir hier … Ein kombinatorisches Optimierungsproblem? Wir können doch alle Kombinationen der zwei Arten von Zellen durchprobieren und so die beste Belegung finden. Oder geht es vielleicht einfacher? Ja klar, die zweite Sorte hat doch die größere Ausbeute pro Fläche – wir belegen alles damit. Wenn bloß die Kostengrenze nicht wäre … Also doch lieber alles mit der ersten? Oder irgendeine Mischung von beiden, aber welche? Gleich zwei Nebenbedingungen, eine für die Gesamtfläche und eine für die Gesamtkosten – zu dumm.

Wenn man durch Nachdenken nicht mehr weiterkommt, hilft immer eine Zeichnung. Also schauen wir uns das mal an, s. Abb. 4.9. Wieder können wir Höhenlinien zeichnen, jede Linie

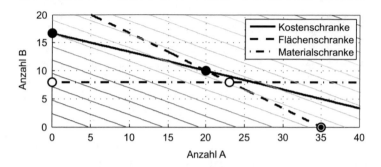

Abb. 4.9 Illustration des Simplexverfahrens: Gesucht ist die maximale Energieausbeute eines Solarpanels unter Verwendung von 2 Arten von Solarzellen. Wenn der Konfigurationsraum durch *lineare* Funktionen bezüglich Kosten, Fläche und Material eingeschränkt ist, liegt das Optimum stets auf einer seiner Ecken

entspricht einer bestimmten Ausbeute. Die Linien liegen nun allerdings nicht mehr fast konzentrisch um einen tiefsten Punkt herum wie in Abb. 2.4. Wir haben es schließlich mit einem *linearen* Problem zu tun: die Ausbeute wächst linear mit der Zahl der verwendeten Zellen – sowohl der ersten wie auch der zweiten Sorte. Die Zielfunktion steigt dabei in gleichmäßigen, parallelen Schritten an: je mehr Zellen wir verwenden, umso größer wird die Ausbeute. Dabei steigt sie entlang der Achse, die der zweiten Sorte entspricht, doppelt so schnell, weil diese den doppelten Wirkungsgrad hat.

Darüber hinaus sind in Abb. 4.9 drei Nebenbedingungen eingezeichnet. Die durchgezogene Linie entspricht der Kostengrenze – alles soll ja zusammen höchstens 50 Geldeinheiten kosten. Analog kennzeichnet die gestrichelte Linie die Flächenschranke – alles soll auf das Panel mit seinen 35 Flächeneinheiten passen. Beide Linien sind abfallende Geraden, denn je mehr Zellen vom Typ A verlegt sind, desto weniger Geld und auch Fläche bleibt für die vom Typ B übrig. Die dritte Gerade – die Materialschranke – soll uns zunächst nicht interessieren, wir kommen gleich auf sie zurück.

Die Menge aller möglichen Bestückungen unseres Panels – der Konfigurationsraum im Sinne von Kap. 3 – ist die Gesamtheit der Zahlenpaare (A, B), die allen Nebenbedingungen genügen. Diese

Menge wird durch den Nullpunkt (0,0) und die schwarz gezeichneten Punkte begrenzt – offensichtlich ist sie konvex. Die
optimale Bestückung ergibt sich als *die* Konfiguration, die von
der höchsten Höhenlinie gerade noch berührt wird – das ist der
schwarze Punkt mit den Koordinaten A = 20 und B = 10. Bei
Verwendung von 20 Zellen vom Typ A und 10 vom Typ B erhalten wir die maximale Ausbeute des Panels!

▶ **Definition**   Konvexe Menge: Eine Menge heißt konvex, wenn
die geradlinige Verbindung zweier beliebiger zur Menge
gehörender Punkte ebenfalls vollständig zu dieser Menge gehört.
   Simplex: Ein Simplex ist ein Polyeder der Dimension n, das
genau n+1 Eckpunkte hat. Beispiele sind das Dreieck (n = 2) und
das Tetraeder (n = 3). In unserem Zusammenhang ist wichtig, dass
die Punkte innerhalb eines Simplex eine konvexe Menge bilden.

   Das Optimum liegt also auf einem der *Eckpunkte* des
Konfigurationsraums. Das bleibt auch so, wenn wir weitere
Nebenbedingungen hinzufügen – solange diese *linear* sind. Stellen Sie sich z. B. vor, Sie würden beginnen, das Panel zu bestücken, stellen aber dann fest, Sie haben nur 8 statt der optimalen
10 Zellen vom Typ B vorrätig. Das Problem wird durch eine weitere Nebenbedingung ergänzt – die Materialschranke. Dadurch
verändert sich die Form der Menge aller zulässigen Konfigurationen – sie wird jetzt durch die weiß markierten Punkte begrenzt.
Aber das Optimum liegt wieder auf einer Ecke, diesmal bei A =
23 und B = 8.
   Man kann zeigen, dass diese Eigenheit erhalten bleibt, wenn
die Dimension des Problems erhöht wird – wenn also nicht nur 2
Typen von Zellen verwendet werden dürfen, sondern 3, 4, …: Das
Optimum liegt auf einem Eckpunkt der Konfigurationsmenge,
also auf einer Konfiguration, die gerade noch erlaubt ist. Eine gewisse Ähnlichkeit mit dem in [2] ausführlich diskutierten „edge of
chaos" ist nicht zu verkennen. Dort stellte sich heraus, dass es für
komplexe Systeme in vielen Fällen günstig ist, sich an der Grenze
des Zugelassenen aufzuhalten – anscheinend ist ihnen nichts
Menschliches fremd.

Für das Bestimmen des Optimums ergibt sich daraus ein entscheidender Vorteil, müssen wir doch nicht den gesamten Konfigurationsraum durchsuchen, sondern nur die ungleich kleinere Zahl seiner Ecken. Mehr noch, durch geeignete Schnitte lässt sich der Konfigurationsraum in eine Menge von *Simplexen* zerlegen und auf systematische Weise absuchen – die Grundlage des *Simplexverfahrens*.

Allerdings funktioniert das nur, solange sowohl die Zielfunktion als auch alle Nebenbedingungen linear sind. Ist dies nicht der Fall, steigt die Landschaft der Zielfunktion in der Nähe des Optimums z. B. quadratisch an, so kann das globale Minimum auch im *Inneren* des Konfigurationsraums liegen – das Standortproblem von Abschn. 2.2 kann als Illustration dafür dienen.

Und noch eine Bemerkung muss gemacht werden: In unserem Beispiel ergeben sich die optimalen Mengen als ganze Zahlen. Das war eine Folge der gewählten Werte für Preis und Fläche. Für andere Werte hätte sich vielleicht ergeben, dass 15,5 Zellen des einen Typs und 12,3 des anderen das Optimum bilden würden. Aber wer verlegt schon gern halbe oder drittel Solarzellen auf seinem Dach, und auch den Bahnsteig 9¾, der eine so wichtige Rolle im Leben Harry Potters spielt, gibt es nur im Zauberland [5]. Um von den hier skizzierten linearen Problemen zu denen der *ganzzahligen* linearen Optimierung vorzustoßen, sind deshalb weitere Verfahren erforderlich, deren Beschreibung aber den Rahmen dieses Buches deutlich sprengen würde.

Die Titelzeile „Rolling Home" geht auf ein altes Seemannslied zurück und wird von zahlreichen Interpreten nach wie vor gern verwendet.

Literatur

1. Land AH, Doig AG: Econometrica 28 (1960) 497–520
2. Dittes F-M (2021) Komplexität – Warum die Bahn nie pünktlich ist. Springer-Verlag, Berlin Heidelberg

3. Zeitreihen des Deutschen Wetterdienstes, http://www.dwd.de/DE/leistungen/zeitreihen/zeitreihen.html. Zugegriffen: 01. Juli 2021
4. Zugeschrieben Karl Valentin, Mark Twain, Winston Churchill, Niels Bohr, Kurt Tucholsky und anderen Prognostikern
5. Rawling JK (1998) Harry Potter und der Stein der Weisen. CARLSEN Verlag, Hamburg

Und er würfelt doch: Monte-Carlo-Verfahren der globalen Optimierung

5

Zusammenfassung

In diesem Kapitel werden verschiedene Methoden vorgestellt, das globale Optimum der Bewertungsfunktion zu finden. Alle Verfahren basieren dabei auf dem Zufallsprinzip bei der Abtastung des Konfigurationsraums. Im Einzelnen diskutiere ich die simulierte Abkühlung, den Toleranzschwellenalgorithmus, das „ruin & recreate", Sintflut- und Tabu-Suche sowie genetische Algorithmen und die demokratische Optimierung. Den Abschluss des Kapitels bildet eine kurze Diskussion von Optimierungsalgorithmen für Quantencomputer.

5.1 Von einem Extrem(um) ins andere: lokale und globale Optima

In Abschn. 4.3 haben wir die Vorgehensweisen kennengelernt, mit Hilfe derer man den Weg in ein *lokales* Minimum der Bewertungslandschaft findet. Andererseits hatten wir in Kap. 2 gesehen, dass Zielfunktionen *viele* Minima haben können. Erinnert sei nur an den Verlauf des in Abschn. 2.2 untersuchten summaren Abstands entlang verschiedener Grenzen, s. Abb. 2.7.

Die Schwierigkeit eines Optimierungsproblems hängt nun ganz wesentlich von den Eigenschaften der Bewertungslandschaft, d. h. der Zielfunktion, ab. Um auf die Sprache der Märchen

© Springer-Verlag GmbH Deutschland, ein Teil von Springer Nature 2022
F.-M. Dittes, *Optimierung*, Technik im Fokus, https://doi.org/10.1007/978-3-662-64906-0_5

zurückzukommen: Es gibt „gute" und „böse" Landschaften. Gute erleichtern die Optimierung – das sind die harmonischen Landschaften. Sie sind angenehm für das Auge: Idyllisch reiht sich Hügel an Hügel, nirgends tun sich unvermittelt Abgründe auf, in denen sich das Optimum verbergen könnte, und die Menschen, die in ihnen wohnen, sind sanft und berechenbar. Aber Spaß beiseite: die Mathematiker würden solche Landschaften *stetig* nennen, Abb. 3.3 hat ein realistisches Beispiel gezeigt.

▶ Stetigkeit: Eigenschaft einer Funktion, sich bei kleiner Änderung des Arguments selbst nur wenig zu verändern

Stetig zu sein heißt, dass sich die Bewertungen zweier benachbarter Konfigurationen nur wenig voneinander unterscheiden. Für kontinuierliche Probleme heißt „wenig" dabei „ganz wenig": Wenn wir nur eine Winzigkeit von einem Punkt weggehen, darf sich die Bewertungsfunktion auch nur um eine Winzigkeit ändern. Bei der Standortfindung ist klar: Wenn wir den Standort nur wenig verändern, so ändert sich auch die Entfernung zu den Städten nur wenig.

Für diskrete Probleme verliert der Begriff der Stetigkeit seinen Sinn: Es gibt keine 2 Konfigurationen, die sich nur „ganz wenig" voneinander unterscheiden, jede Konfigurationsänderung bedeutet einen *Sprung*: von einem Feld des Schachbretts auf ein anderes, von einer Ecke des n-dimensionalen Würfels in eine andere. Die Bewertungen ändern sich in diesem Falle ebenfalls sprunghaft und wir können die Gutartigkeit der Landschaft nur an der Größe der Sprünge zwischen benachbarten Konfigurationen messen und kleine Sprünge für besser halten als große.

Auch das N-Damen-Problem weist eine komplizierte Landschaftsstruktur auf. Abb. 3.4 illustriert einen Schnitt durch diese Landschaft: In der dargestellten Situation ist das 8-Damen-Problem schon fast gelöst: 7 Damen stehen auf einem Platz, wie ihn die optimale Position von Abb. 2.2a erfordert, und nur die 8. Dame irrt noch umher, um ihren Platz zu finden. Die Landschaft, die sie sieht, ist aber reichlich zerklüftet: sie ist nicht mal näherungsweise ein Paraboloid, sondern von ausgeprägten „Gebirgszügen" (den roten Feldern) durchzogen, zwischen denen weite Hochebenen liegen (die orangenen und gelben Felder). Es gibt nur zwei tiefliegende

„Löcher", das grüne Feld mit der Bewertung 2 und das weiß dargestellte globale Optimum. Sie können leicht nachvollziehen, dass die
8. Dame von jedem Feld aus den Weg ins Optimum findet, ohne
einen Berg besteigen zu müssen, d. h. ohne Schritte zu machen, die
ihre Bewertung *verschlechtern*. So könnte sie bei einem Start in der
rechten unteren Ecke (die Bewertung ist dort = 6) zunächst vertikal
auf das gelbe Feld in der 3. Reihe ziehen (Bewertung = 4), und von
dort dann auf das weiße Feld, das das Optimum repräsentiert.

Allerdings darf sie auf ihrer Reise nicht sonderlich wählerisch
sein und immer bloß *Verbesserungen* erzielen wollen: von vielen
Feldern aus führt nur dann ein Weg zum Ziel, wenn auch mal ein
Zug gemacht wird, der die Bewertung *konstant* hält. Das hatten
wir auch bereits in einem einfacheren Beispiel gesehen: In
Abb. 2.3 sind drei Konfigurationen des 2-Damen-Problems dargestellt. Um von der Anordnung a) zum Optimum c) zu gelangen,
müssen die beiden oberen Damen die Reihen tauschen, was offenbar nur dadurch möglich ist, dass sie sich kurzzeitig in ein und
dieselbe Reihe stellen. Sie müssen also zeitweilig gegen ihr „Interesse" handeln, das ja darin bestand, niemand anderes sehen zu
wollen – und nur dank der Anwesenheit der beiden restlichen Damen (weiß gezeichnet) verschlechtert sich die Bewertung des Gesamtsystems dabei nicht.

Noch zerklüfteter wird die Landschaft des N-Damen-Problems, wenn man den Damen zwar ungehinderte Sicht zubilligt,
aber ihre *Schrittweite* auf *ein* Feld begrenzt – eine Version des
Damespiels, die in vielen Ländern verbreitet ist. Dann stellt sowohl das grüne Feld in Abb. 3.4 als auch das gelbe rechts oben ein
echtes lokales Minimum dar: alle Nachbarfelder haben eine höhere Bewertung und die Dame kann keinen Zug machen, ohne
sich schlechter zu stellen. Man kann leicht sehen, dass das auch
für die übrigen 7 Damen gilt: Das System hat einen Zustand erreicht, von dem aus jeder Akteur keinen für ihn besseren Platz
erreichen kann – die Spieltheoretiker sprechen von einem Nash-
Gleichgewicht. Es wird dort für immer verharren; jede Ähnlichkeit mit dem bekannten Beamten-Mikado ist rein zufällig.

Die Landschaftsstruktur hängt also von der Schrittweite ab, die
wir erlauben. Das deckt sich mit der in Abschn. 3.2 getroffenen
Feststellung, dass die Nachbarschaftsbeziehung die Landschaft

„formt": Je größer die Nachbarschaft, desto harmonischer ist die Landschaft, und je kleiner man sie macht – desto zerklüfteter. Dasselbe Phänomen sehen wir auch bei der Betrachtung von Abb. 2.7: Ein Wanderer müsste der hin-und-her-zappelnden Linie mit ihren unzähligen lokalen Minima und Maxima folgen. Wenn wir uns aber nicht für diese ganz kleinen Unebenheiten interessieren, sondern mit 7-Meilen-Stiefeln (ich bitte um Entschuldigung, dass ich schon wieder ein Märchen bemühe) auf ihr entlang spazieren, sehen wir sie schon geglättet – die über mehrere Punkte gemittelte Kurve in Abb. 2.7 zeigt das sehr schön. Und wenn wir uns gar in die Nachbarschaftsbeziehung hineinversetzen, die durch ein Flugzeug oder einen Hubschrauber ermöglicht wird, so würden auch die in der geglätteten Kurve sichtbaren lokalen Minima für uns keine Rolle mehr spielen und wir könnten problemlos ins globale Maximum gelangen.

Wir dürfen daher die Nachbarschaft nicht zu klein wählen, da sonst ein Steckenbleiben in lokalen Minima droht. Allerdings ist auch die Wahl einer zu großen Umgebung nicht förderlich. Der Optimierungsalgorithmus muss sich nämlich in jedem konkreten Zeittakt für eine konkrete Schrittlänge entscheiden. Und je mehr mögliche Schritte es gibt, desto schwieriger wird es, eine gute Wahl zu treffen. Wie leicht schießt man bei unbegrenzten Möglichkeiten übers Ziel hinaus, und wie schnell verfällt man beim nächsten Mal ins Gegenteil und vollführt nur Trippelschritte, wo doch ein zügiges Ausschreiten der Umgebung angeraten wäre.

Das Problem besteht auch im diskreten Fall: Wenn der Konfigurationsraum einen n-dimensionalen Würfel darstellt, so besteht der kleinste denkbare Schritt darin, von einer Ecke zu einer benachbarten zu gehen, s. Abb. 3.2. Da der Würfel n Richtungen hat, können wir dadurch eine von n anderen Ecken erreichen. Vergrößern wir die Schrittweite so, dass wir bis zur übernächsten Ecke gehen können, stehen uns weitere $n \cdot (n-1)/2$ „Nachbarn" zur Verfügung, bei einer Schrittweite von 3 kommen nochmals $n \cdot (n-1) \cdot (n-2)/6$ dazu usw. Und falls wir in einem Schritt sämtliche n Dimensionen erkunden können, so verlieren wir uns in der – für große n – riesigen Menge von 2^n Möglichkeiten. Darunter eine zu finden, die besser ist als die gegenwärtige, erfordert schon sehr viel Glück – das ganze Leben auf einen Schlag umkrempeln zu wollen, funktioniert leider selbst im Märchen nur in den seltensten Fällen!

Auch bei den Damen würde die *gleichzeitige* Bewegung zweier oder mehrerer Damen zu neuen Möglichkeiten für den Optimierungsalgorithmus führen – allerdings wiederum um den Preis der drastischen Vergrößerung der Nachbarschaft: Eine Dame kann auf einem NxN-Brett allerhöchstens auf $4 \cdot (N-1)$ andere Felder ziehen: nämlich auf $(N-1)$ horizontal und auf genauso viele vertikal und in jede der beiden diagonalen Richtungen (das gilt natürlich nur, wenn sie genau in der Mitte steht und alle diese Felder frei sind). Jedes *Paar* von Damen hätte damit bis zu $(4 \cdot (N-1))^2$ Züge zur Auswahl, da jeder der zwei Damen die erwähnten $4 \cdot (N-1)$ Möglichkeiten zukommen. Die Nachbarschaft einer Konfiguration ist in diesem Falle also wesentlich größer und es wird entsprechend länger dauern, bis das System darin einen guten Zug findet.

Analog gibt es beim gleichzeitigen Bewegen von 3, 4 oder mehr Damen immer größer werdende Nachbarschaften – die Größe ist entsprechend proportional zu N^3, N^4 usw. Schließlich würde man beim gleichzeitigen Bewegen *aller* Damen erreichen, dass die Nachbarschaft durch *alle* anderen Konfigurationen gebildet wird. Auch das Optimum wäre dann nur diesen einen „Zug" entfernt, ihn unter den ca. N^N Nachbarn zu finden, ist allerdings praktisch unmöglich.

Mit dieser Vorstellung vor Augen müssen wir uns nun auf die Suche nach Verfahren begeben, die von einem Ausgangszustand zum *globalen* Optimum führen. Der Ausgangszustand sollte dabei beliebig gewählt werden können, da nur auf diese Weise „Schönwetterverfahren" ausgeschlossen werden können. Das sind solche, die nur in außergewöhnlich günstigen Situationen funktionieren, z. B. wenn der Startzustand nur noch wenige Schritte vom Optimum entfernt ist. Um das auszuschließen, wird in den folgenden Beispielen stets von einer *zufälligen* Ausgangskonfiguration ausgegangen.

5.2   Heureka! Von Heuristiken und Metaheuristiken

In Kap. 3 hatten wir drei Begriffe kennengelernt, die ein Optimierungsproblem kennzeichnen:

- den Konfigurationsraum,
- die Nachbarschaftsdefinition und die
- Bewertungsfunktion.

▶ **Definition** Algorithmus: Auflistung der Schritte und ihrer Reihenfolge zur Lösung eines Problems. Ein Algorithmus hat damit den Charakter einer Handlungsvorschrift bzw. eines Rezepts.

Heuristik: Herangehensweise an ein konkretes Problem. Dabei wird häufig von einer bestimmten problemspezifischen Annahme ausgegangen, die genaue Abfolge der zur Lösung notwendigen Schritte ist nicht festgelegt.

Metaheuristik: Herangehensweise an eine Klasse von Problemen, die – grundsätzlich – zur Problemlösung führen kann.

Die Definitionen der Begriffe sind allerdings nicht scharf voneinander abgrenzbar und auch in der Optimierungsszene wird gelegentlich von „Algorithmen" gesprochen, wo „Heuristik" oder gar „Metaheuristik" das korrektere Wort wäre.

Jetzt wollen wir vom *Problem* zur *Lösung* kommen. Wir brauchen dazu eine *Strategie*, d. h. eine Vorgehensweise, die uns ins globale Optimum führt. Welche das ist, hängt vom Problem und nicht zuletzt von den Vorlieben des konkreten Optimierers ab. Generell ist zu unterscheiden zwischen *spezifischen* Zugängen, die sich die Besonderheiten des jeweiligen Problems zunutze machen und *Metaheuristiken*, die *problemunabhängig* gute Ergebnisse liefern. Letztere können alles ganz ordentlich, auch wenn sie bei jedem konkreten Problem den Speziallösungen unterlegen sind. Das kennen wir vom Sport: Der Zehnkämpfer dringt nur in den seltensten Fällen in einer Einzeldisziplin bis zum Weltrekord vor. Aber ganz schön nahe kommt er ihm allemal.

In diesem Kapitel werden wir uns auf Metaheuristiken konzentrieren. Sie ersparen dank ihrer Allgemeingültigkeit ein bisschen das Denken – und wer hätte das nicht gern. Wir werden also Algorithmen untersuchen, die – fast – nichts von der Spezifik des betrachteten Problems in die Lösungsfindung einbringen. Und wie immer, wenn man – fast – nichts weiß, ist es eine gute Idee, Entscheidungen dem *Zufall* zu überlassen: Sie wissen nicht, was Sie im Urlaub machen wollen? – fliegen Sie „last minute"; gehen Sie an einen zufällig ausgewählten Schalter und fliegen Sie irgendwo hin. Sie wissen nicht, welche Lottozahlen am Samstag gezogen werden? – wer weiß das schon. Nehmen Sie dann bitte nicht den Geburtstag der Schwiegermutter oder die Daten eines anderen Ereignisses, das Ihnen am Herzen liegt! Wie oft lag die gezogene Zahl ganz knapp daneben und gab dann Anlass zur, sagen wir, Verärgerung. *Würfeln* Sie lieber die Zahlen, die Sie ankreuzen. Wie schön ist es, hinterher sagen zu können: „Ich konnte nichts dafür" (und die Schwiegermutter auch nicht).

Allen bekannten Metaheuristiken ist denn auch gemein, dass sie *Zufallsstrategien* benutzen, den Konfigurationsraum also nach dem Zufallsprinzip absuchen. Der Wanderer vollführt dabei das, was man im Englischen als „random walk" bezeichnet; im Deutschen gibt es dafür das schöne Wort *Irrfahrt*, das leider zunehmend durch das sterile *Zufallsbewegung* ersetzt wird.

▶ **Definition** Wanderer: aktuelle Konfiguration, mit der der Algorithmus arbeitet

Optimierungspfad: Weg des Wanderers durch den Konfigurationsraum

Probeschritt: Berechnen der Bewertungsfunktion an einem Punkt der Nachbarschaft. Durch den Optimierungsalgorithmus wird bestimmt, ob ein Probeschritt anschließend als wirklicher Schritt ausgeführt wird.

Wir werden daher im Weiteren beim Optimieren einen Würfel in die Hand nehmen und damit das *Monte-Carlo-Prinzip* der globalen Optimierung in den Mittelpunkt rücken, man könnte es die *Meta-Meta-Heuristik*, das absolute Grundprinzip der Optimierung komplexer Systeme nennen.

Versetzen wir uns also in unseren Wanderer und stellen wir ihn auf eine zufällig ausgewählte Anfangskonfiguration. Wir hatten schon gesagt, dass er dort zunächst völlig im Dunkeln steht und nichts von der Landschaft kennt als ihre Höhe am jetzigen Punkt.

Wandern heißt nun „sich bewegen". Von Zeit zu Zeit wird der Wanderer daher seinen Fuß ausstrecken und „fühlen", wie die Landschaft in der *Nachbarschaft* des Punktes, an dem er sich gerade befindet, beschaffen ist. Er vollführt also einen *Probeschritt* zu einer benachbarten Konfiguration und ermittelt, ob dieser bergauf oder bergab führen würde (zur Erinnerung: wir wissen ja nichts über die Landschaft, und dunkel ist es außerdem!). Wissenschaftlicher ausgedrückt bedeutet diese Vorgehensweise: Such zufällig eine Konfiguration in deiner Nachbarschaft aus und berechne deren Bewertung. Der gefundene Wert kann dabei größer als der jetzige sein, es geht also in der ausgewürfelten Richtung „nach oben", oder er kann kleiner sein (und natürlich auch gleich dem jetzigen).

Ein kluger Wanderer wird natürlich nach unten gehen, wann immer er die Möglichkeit dazu hat: Wir wollen doch ins Minimum – wenn wir einen Schritt darauf zu machen können, was liegt näher als ihn auszuführen, auch wenn wir diese Verbesserung nur *zufällig* gefunden haben. Wir nehmen ja auch einen Lottogewinn gern mit, wohl wissend, dass er rein zufällig zustande gekommen ist. Und wir ärgern uns im Laufe des Lebens über so manche nicht genutzte Gelegenheit, die der Zufall uns zugespielt hat – also ich jedenfalls. Im einfachsten Fall wird der Algorithmus deshalb *immer* zu Konfigurationen gehen, die sich als besser erwiesen haben als seine jetzige. Schematisch dargestellt ist das in Abb. 5.1.

Man muss es ja nicht gleich derart übertreiben wie bei den *gierigen* Verfahren, auf neudeutsch auch als „Greedy"-Algorithmen bezeichnet. Die versuchen, mit jedem Schritt nicht nur einfach in Richtung Minimum zu gehen, sondern so schnell wie möglich. Dazu wird nicht einfach *eine* Konfiguration aus der Nachbarschaft ausgewürfelt und deren Bewertung mit der jetzi-

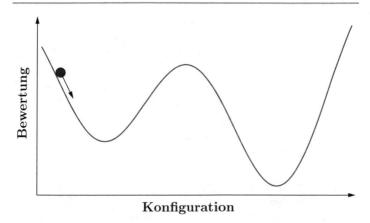

Abb. 5.1 Bewertungslandschaft mit lokalem und globalem Minimum. Der rote Kreis markiert die aktuelle Position des Wanderers, der Pfeil seine Bewegungsrichtung

gen verglichen. Stattdessen wird die *gesamte* Nachbarschaft daraufhin untersucht, welcher Schritt die *größtmögliche* Verbesserung bringen würde. Was auf den ersten Blick wie eine geniale Strategie erscheint, bringt leider oft nur kurzfristigen Gewinn und die Gefahr, in irgendeinem lokalen Optimum stecken zu bleiben, ist immens. Wer sich immer kopfüber ins Nächst-Beste stürzt, läuft Gefahr, das Aller-Beste zu verpassen.

Auch im N-Damen-Problem kommt man mit Gier nicht sehr weit – jedenfalls in der Version, in der die Damen nur ein Feld weit ziehen dürfen. Abb. 3.4 zeigt, wie leicht man dabei in lokalen Optima stecken bleiben kann. Zum Beispiel würde eine Dame, die vom roten Feld rechts unten startet (zur Erinnerung: rot stand für die Bewertung = 8) nach der gierigen Strategie auf das darüber liegende grüne Feld ziehen (Bewertung = 2) und erst im nächsten Schritt bemerken, dass es von dem dann erreichten Bewertungsniveau aus keinen Zug gibt, der zum globalen Optimum führt. Klüger wäre gewesen, zunächst auf das benachbarte gelbe Feld zu gehen und von dort den Schritt ins globale Optimum zu vollführen. Die Gier hat die Sicht auf diesen Weg verstellt und so das Erreichen des globalen Optimums verhindert.

Soviel zum lokalen Verbessern. Aber wir suchen doch das *globale* Optimum. Und das liegt – vielleicht – ganz woanders. Und ist – wer weiß? – viel tiefer als das hiesige Minimum. Wer hat noch nie davon geträumt, dass es anderswo *viel* besser wäre??? Wie aber kommt man aus einem lokalen Optimum wieder heraus?

Dazu sind „intelligentere" Algorithmen erforderlich. Sie müssen die allgemeine Tendenz zur Verbesserung beibehalten, aber trotzdem die Falle der lokalen Minima umgehen. Um das zu erreichen, könnte man z. B.

1. in Kauf nehmen, dass es zeitweilig keine Verbesserungen gibt, vielleicht sogar Verschlechterungen. Dieser Ansatz führt in der Folge auf Meta-Heuristiken wie der simulierten Abkühlung oder der Toleranzschwellenmethode, auf die in den Abschn. 5.3.1 und 5.3.2 eingegangen wird.
2. Wanderer, die in einem lokalen Optimum stecken geblieben sind, bewusst aus diesen herausbefördern, indem man einen Teil der zugehörigen Konfiguration „zerstört" und damit Platz für Neuentwicklungen schafft. Wir erläutern dieses Herangehen in Abschn. 5.3.3.
3. die Menge der zugelassenen Schritte vergrößern. Wie in Abschn. 3.2 dargelegt, führt dies zu einer Glättung der Bewertungslandschaft: was zuvor als lokales Minimum erschien, kann jetzt evtl. verlassen werden. Beispiele dafür lernen wir in Abschn. 6.1 kennen.
4. den Teil des Konfigurationsraums, auf dem die Wanderung stattfindet, im Laufe der Optimierung nach und nach einschränken. Abschn. 5.4 ist diesem Vorgehen gewidmet.
5. viele Wanderer zulassen und deren „Schwarm-Intelligenz" benutzen, um das Optimum zu finden. Evolutionsstrategien und genetische Algorithmen resultieren aus diesem Ansatz, s. Abschn. 5.5.
6. eine zeitweilige Änderung des Ziels und damit der Bewertungslandschaft vornehmen. Schritte, die für das eigentliche Ziel nicht vorteilhaft wären, sind für das temporäre Ziel u. U. günstig und damit zulässig und führen den Wanderer auf neue Wege. Dieses Konzept ist die Basis der demokratischen Optimierung, die in Abschn. 5.6 vorgestellt wird.

Wie im richtigen Leben gibt es auch hier kein Wundermittel, das alle Probleme löst. Keine der im Folgenden vorgestellten Vorgehensweisen ist den anderen in allen Belangen überlegen und selbst im Reich der Algorithmen gilt: „Wo Licht ist, ist auch Schatten".

5.3 Verbessern durch Verschlechtern: Wege aus der Lokalitätsfalle

5.3.1 Mach mich heiß! Metropolis-Algorithmus und simulierte Abkühlung

Stellen Sie sich vor, Sie hätten ein Stück Eis in der Hand. Kein Speiseeis, das hat man ja meistens auf der Hose oder an anderen unpassenden Stellen. Nein, ich meine einfach einen Würfel gefrorenen Wassers. Sie müssen ihn auch nicht unbedingt in der Hand halten: Vor Aufkommen der elektrischen Kühlschränke gab es in vielen Haushalten Eisschränke. Man legte frühmorgens eine dicke Eisstange hinein, die das Essen frisch hielt. Nach und nach schmolz das Eis und das entstehende Wasser verlief sich, wenn man nicht aufpasste, in der Küche. Nun bestehen Wasser und Eis natürlich aus denselben Molekülen: H_2O, wie es im Buche steht. Allerdings bewegen sie sich im Eis ganz anders als im Wasser, und in diesem wieder anders als im Wasserdampf: In der festen Phase sind die Moleküle fast unbeweglich „eingefroren", im Wasser können sie gemächlich ihre Lage verändern, und erst in der Dampfphase fliegen sie schließlich frei durch die Küche.

Mit Erhöhung der Temperatur steigt also die Beweglichkeit der Moleküle. Wie sich herausstellt, gilt dies nicht nur beim Übergang vom Eis zum Wasser oder von diesem zum Wasserdampf. Auch innerhalb *eines* Aggregatszustands nimmt die Bewegung der Moleküle mit wachsender Temperatur immer mehr Fahrt auf. Die Moleküle nehmen sozusagen „Anlauf", um am Schmelz- bzw. Siedepunkt dann die Energie aufzunehmen, die für die nächsthöhere Phase erforderlich ist.

Diesen physikalischen Sachverhalt in einen Optimierungsalgorithmus zu überführen, ist das Verdienst von Nicholas Metropolis [1] – der berühmte Stummfilm von Fritz Lang hat nichts mit ihm zu tun [2].

Die Übernahme des Temperaturbegriffs erlaubt es, dem Wanderer eine Beweglichkeit zuzuschreiben, die ihm „Sprünge" zu Konfigurationen mit *höheren* Bewertungen ermöglicht, s. Abb. 5.2. In Anlehnung an die Gesetze der Thermodynamik nimmt die Wahrscheinlichkeit, einen Sprung „nach oben" zu machen, mit wachsender Größe des Sprungs allerdings rasch ab. Auch das kennen wir aus der alltäglichen Erfahrung: Große Sprünge gehen selten gut.

Je höher die Temperatur, desto unbeschwerter bewegt sich der Wanderer dabei durch den Konfigurationsraum, s. Abb. 5.3. Das ist zu Beginn der Optimierung gut – er soll ja nicht in lokalen Minima hängenbleiben. Da Schritte nach unten, die eine Verbesserung bedeuten, aber *immer* ausgeführt werden, wird sich der Wanderer bevorzugt in einem Gebiet aufhalten, das eine gute *mittlere* Tiefe aufweist, ohne dabei Gefahr zu laufen, in lokalen Minima hängen zu bleiben.

Da wir am Ende aber in das globale Minimum wollen, müssen wir die Temperatur im Laufe der Zeit absenken. Das Verfahren

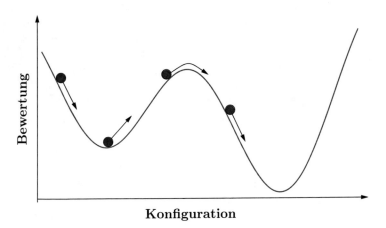

Abb. 5.2 Illustration des Metropolis-Algorithmus: Auf der Suche nach dem globalen Minimum geht der Wanderer gelegentlich auch „bergauf", d. h. zu schlechteren Konfigurationen

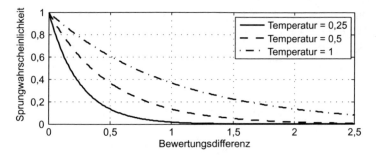

Abb. 5.3 Sprungwahrscheinlichkeiten für verschiedene Temperaturen: Mit abnehmender Temperatur werden große Sprünge bergauf immer unwahrscheinlicher

der *simulierten Abkühlung* („simulated annealing", auch als „simuliertes Ausglühen" übersetzt) [3] setzt genau diesen Gedanken um, indem es den Metropolis-Algorithmus mit einer Temperatur*funktion* versieht, d. h. einer Temperatur, die sich im Laufe der Zeit stetig verringert. Man kann zeigen, dass der Optimierungspfad bei hinreichend langsamem Abkühlen mit Sicherheit zum globalen Optimum findet! Leider ist diese Feststellung nur von rein theoretischem Nutzen, da die dafür erforderliche Zeit mit wachsender Größe des Systems über alle Maßen schnell ansteigt.

5.3.2   Mehr Toleranz, bitte: „threshold accepting"

Eng verwandt mit der simulierten Abkühlung ist der Toleranzschwellen-Algorithmus („threshold accepting") [4]. Auch er lässt Schritte in die „falsche" Richtung zu und ermöglicht so das Entkommen aus lokalen Minima. Im Gegensatz zum Metropolis-Algorithmus wird jedoch eine feste Schwelle vereinbart, z. B. 1 Prozent, bis zu der Verschlechterungen *immer* akzeptiert werden. Und alles was darüber hinaus geht wird *nie* in den Optimierungspfad eingeschlossen.

Je nach Wahl dieses Schwellwerts verhält sich das Verfahren entweder „großzügig" oder aber „engstirnig". Senkt man – ähnlich der Vorgehensweise bei der simulierten Abkühlung – die

Toleranzschwelle im Laufe der Optimierung allmählich ab, so wird zunächst der Konfigurationsraum großflächig abgesucht, bevor das Verfahren letztlich in einem einzigen Optimum zur Ruhe kommt.

5.3.3   Wie Phönix aus der Asche: „ruin & recreate"

„Ruin and recreate" – zerstören und wiederaufbauen. Man kennt das Prinzip ja aus der Weltgeschichte – aber ob das wirklich so gut ist??? Wenn die Zerstörung nur im Computer stattfindet, mag es angehen und das entsprechende Herangehen bildet die Basis eines einfachen Optimierungsalgorithmus: Wenn du in einem lokalen Optimum feststeckst, mach einfach einen Teil der Konfiguration kaputt – wisch ein paar Damen vom Brett, misch alles auf – und optimiere dann erst weiter [5]. Wenn du Glück hast, landest du in einem anderen Optimum, und wenn du ganz großes Glück hast, ist das sogar besser als das vorhergehende. Manche Leute gestalten bekanntlich sogar das eigene Leben nach diesem Prinzip – leider geht das meistens auf Kosten anderer.

5.4   Es führt kein Weg zurück: eingeschränktes Suchen

5.4.1   Wasser marsch: der Sintflut-Algorithmus

Die Anregung zur Formulierung von Metaheuristiken kommt häufig aus anderen Gebieten des Lebens. Auch historische Überlieferungen und mythologische Erzählungen können eine Rolle spielen, wie das Beispiel des Sintflutalgorithmus zeigt [6]. Wir müssen uns dazu von der Suche nach dem globalen Minimum verabschieden und stattdessen das globale *Maximum* ins Visier nehmen, s. Abb. 5.4. Das gesuchte Optimum stellt jetzt den allerhöchsten Berg dar. Lassen wir es also regnen und verbieten wir unserem Wanderer, Konfigurationen zu betreten, die unter Wasser liegen. Irgendwann wird nur noch das globale Optimum aus dem

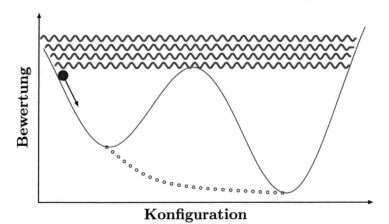

Abb. 5.4 Veranschaulichung des Sintflut-Algorithmus. Das Steigen des Wasserspiegels führt den Wanderer zu immer besseren Konfigurationen. Die punktierte Linie symbolisiert den Weg von einem Sattelpunkt zum globalen Optimum

Wasser ragen und der Wanderer hätte sein Ziel erreicht. Eine schöne Vorstellung – wenn da nur nicht das Problem der *lokalen* Optima wäre! Wie in allen anderen Algorithmen besteht auch hier die Gefahr, in einem solchen steckenzubleiben.

Allerdings kommt dem Algorithmus die Besonderheit *vieldimensionaler* Landschaften zugute, auf die wir in Abschn. 3.5 hingewiesen hatten: Manches, was im 2-dimensionalen Schnitt wie ein Tal aussieht, erweist sich in Wahrheit als Sattelpunkt, von dem aus sehr wohl eine Fortsetzung der Wanderung möglich ist. Die eingezeichnete Verbindung zwischen den beiden Extrema der Abbildung stellt daher nicht etwa einen Geheimgang dar, sondern soll diese Möglichkeit des Umgehens eines Hindernisses illustrieren.

5.4.2   Vorwärts, und nicht vergessen: die Tabu-Suche

Raum gegen Zeit: Verbrauche den Raum, und du kommst schneller an dein Ziel! Was wie ein Trick aus der Mottenkiste des Raumschiffs „Enterprise" [7] oder anderer Science-Fiction-Klassiker klingt, bildet – zumindest in unserem Kontext – die Grundlage einer weiteren Meta-Heuristik [8].

Bedienen wir uns zur Veranschaulichung wieder der Murmel, die sich in einem lokalen Minimum verfangen hat. Den bisher erläuterten Algorithmen wohnte der Grundsatz inne, dass ein Schritt in die richtige Richtung, d. h. einer, der eine Verbesserung der Bewertung brachte, in jedem Fall in die Tat umgesetzt wurde. Wir wollen nach unten, und wir gehen nach unten, basta! Alle Algorithmen arbeiteten dabei *gedächtnislos* und ähnelten in diesem Sinne der Fliege, die immer und immer wieder gegen die Glasscheibe anrennt, obwohl das Fenster nur wenige Zentimeter entfernt offen steht.

Was liegt also näher, als zu sagen: „Hey, Fliege, merk dir doch, wo du schon warst und probier 'mal was Neues aus statt ständig in denselben Fehler zu verfallen!" Damit ist auch schon die Grundidee der Tabu-Suche formuliert. Der Algorithmus merkt sich, über welche Konfigurationen der Optimierungspfad bereits geführt hat und verbietet dem Wanderer zu ihnen zurückzukehren. Das Merken geschieht dabei im Raum, genauer gesagt: im Speicher des Computers.

Durch die Einführung eines Gedächtnisses verhindert der Algorithmus das langwierige Auf-und-Ab beim Verlassen des Einzugsgebiets lokaler Minima, wie es z. B. dem Metropolis-Algorithmus eigen ist. Auf der anderen Seite ist der Tabu-Suche eine gewisse „Flüchtigkeit" nicht abzusprechen: Die Suche konvergiert nie, denn auch das globale Optimum, so es denn einmal gefunden ist, wird rasch wieder verlassen und mit dem Rückkehr-Tabu belegt.

Mehr noch, es kann Situationen geben, in denen der Algorithmus zum Erliegen kommt, weil eine Konfiguration erreicht wurde, deren gesamte Nachbarschaft schon besucht worden ist und die daher nicht mehr betreten werden darf. Stellen Sie sich die spiralförmige Annäherung an einen Punkt vor oder die schrittweise Besetzung der linken unteren Ecke in Abb. 3.4.

Der Algorithmus hat daher im Laufe der Zeit vielfältige Abwandlungen erfahren, sei es, dass der Besuch bisheriger Konfigurationen nicht vollständig verboten wurde, sondern nur erschwert, sei es, dass nicht die gesamte Historie der Suche gespeichert wird, sondern nur die letzten 10, 100, 1000 vorausgegangenen Züge. Mit dieser Beschränkung des Merkens wird gleichzeitig die Geschwindigkeit verbessert, denn auch das Auffinden bereits gespeicherter Konfigurationen benötigt eine gewisse Zeit – nur manche Suchmaschinen machen uns weis, dass alles in der Welt in Sekundenbruchteilen geschehen kann.

5.5   Viele Hunde sind des Hasen Tod: genetische Algorithmen und Evolutionsstrategien

Hatte ich nicht versprochen zu zeigen, wie man aus allem das Beste macht? Vielleicht hilft uns beim Erreichen dieses Ziels das Verständnis eines Systems, das sich offenkundig – zumindest nach vorherrschender Meinung – im Laufe der Zeit immer weiter vervollkommnet hat? Ich meine jetzt nicht die Autos oder Smartphones der neuesten Generation, nein, es geht mir um die *biologische Evolution*. Seit Jahrmillionen, ja Jahrmilliarden gibt es Leben auf der Erde, und was als Amöbe im Urmeer begann, entwickelte sich zu den vielfältigsten Arten, die fliegen, schwimmen oder gar denken können und optimal an ihre Umgebung angepasst zu sein scheinen.

Wie so ein Prozess der Optimierung möglich war, darüber gibt es verschiedene Spekulationen und Denkansätze. Da wäre zunächst die reine Schöpfungslehre. Ob nun aus dem Nichts, dem Chaos oder aus Lehm: plötzlich war alles da – für unser Ziel, die entsprechenden Verfahren in einen Optimierungsalgorithmus zu übertragen, eine denkbar ungeeignete Vorgehensweise. Auch das neuerdings wieder aufgekommene „Intelligent Design" ist von einer Aura des Übernatürlichen umgeben und – wie mir scheint – in den zugrunde liegenden Mechanismen nicht sonderlich gut verstanden. Auch das ist als Basis für eine Heuristik wenig fruchtbar.

Bleiben wir also bei den guten alten Prinzipien der Evolution, auf die bereits Charles Darwin aufmerksam gemacht hat [9]. Da wäre als erste Zutat die *Mutation*, d. h. die zufällige Veränderung. Wir wissen inzwischen, dass es Veränderungen der Gene, der Erbinformationen sind, die zu Veränderungen in Aussehen und Verhalten führen. Eine solche Veränderung lässt sich aber sehr gut in einen Algorithmus übertragen: sie stellt nichts anderes dar als den Übergang von einer Konfiguration zu einer anderen, einen *Schritt* also.

Zweitens haben wir die *Auslese*, das „survival of the fittest": Schlecht an die Umgebung angepasste Individuen und ganze Arten verschwinden von der Bildfläche, während die besten sich fröhlich vermehren können. Nur dadurch konnte der Eisbär sein weißes Fell bekommen, die Schmetterlinge ihre Farbenpracht, und nur so konnte der Mensch die Erde bevölkern – man mag ihn als Krone der Schöpfung ansehen oder nicht. Auch das ist leicht in einem Algorithmus überführbar:

Starte die Optimierung dazu nicht mit einem einzelnen Wanderer, sondern mit einer ganzen Population, s. Abb. 5.5. Lass dann

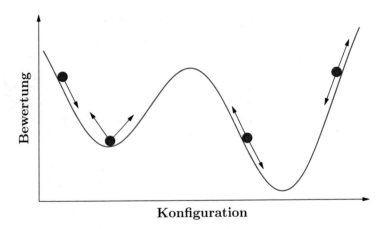

Abb. 5.5 Illustration der genetischen Algorithmen: Anstelle eines Wanderers gibt es mehrere, die nach den Prinzipien von Mutation, Selektion und Rekombination die Landschaft erkunden

jeden seinen Optimierungspfad beschreiten und sieh von Zeit zu Zeit nach, welche Bewertungen sie erreicht haben. Nimm dann „erfolglose" Wanderer aus dem Rennen und ersetze sie durch Kopien der bisher besten. Diese Vorgehensweise birgt zwar auch Risiken. Sie verfolgt nämlich schlechte Wanderer nicht weiter, auch wenn sich diese im richtigen Gebiet des Konfigurationsraums befinden und nur noch etwas Zeit brauchen würden. Oder hätten Sie etwas auf den in Abb. 5.5 ganz rechts befindlichen Wanderer gesetzt?

Schließlich – wir müssen darüber reden – war es die *Sexualität*, die einen enormen Einfluss auf die Evolution hatte: Lebewesen ein und derselben Art tauschen ihre Erbanlagen aus, so dass ihre Nachkommen Merkmale beider Elternteile haben. Auch das lässt sich leicht heuristisch abbilden, der entsprechende Prozess wird als *Rekombination* bezeichnet.

Wir lassen dabei zwei (oder auch mehrere) Wanderer Teile ihrer Konfigurationen austauschen – Sie müssen sich das nicht zu bildhaft vorstellen. Die Konfigurationen werden dabei im wahrsten Sinne des Wortes miteinander *gekreuzt* – gerade so, wie es bei der geschlechtlichen Fortpflanzung geschieht. Den Erbinformationen der beiden – wir bleiben mal bei zwei Partnern – Elternteile entsprechen die Parameter ihrer Konfigurationen, bei der Standortfindung von Abschn. 2.2 wären das die Werte der x- und der y-Koordinate. Und die „Kind-Konfigurationen" erhalten einen Teil der Parameter von einem Elternteil und den anderen vom anderen. Aus den Standort-Konfigurationen (x_1, y_1) und (x_2, y_2) würden auf diese Weise die Kinder (x_1, y_2) und (x_2, y_1) gebildet werden. Und wie im richtigen Leben können dabei aus eher mittelmäßigen Eltern prächtige Kinder hervorgehen!

In der Sprache des Konfigurationsraums ermöglicht die Rekombination ein *Springen* von den Elternkonfigurationen zu weit entfernten Punkten des Raumes. Und wenn dabei die Vaterkonfiguration an einer Stelle der „Erbinformation" schon ganz gut war und die Mutter anderweitig gute Gene hatte, kann ihre Kombination wahre Wunder wirken.

Mutation, Selektion und Rekombination bilden die Basis der großen Gruppe der *genetischen Algorithmen und Evolutionsstra-*

tegien, die in zahllosen Optimierungsproblemen ihre Stärke bewiesen hat, s. z. B. [10].

5.6 Du bestimmst den Weg: die demokratische Optimierung

Die eben vorgestellten genetischen Algorithmen bezogen ihre Stärke daraus, dass nicht nur *ein* Wanderer betrachtet wurde, sondern auf einen Schlag *viele* Optimierungspfade verfolgt wurden. Dabei konnten mittels Selektion und Rekombination die *Wechselbeziehungen* der Wanderer ausgenutzt werden, was zu einem effizienten Optimierungsprinzip geführt hat.

Wenn viele Wanderer einen Vorteil bringen, sind dann vielleicht auch viele *Zielfunktionen* von Vorteil? Dieser Gedanke scheint auf den ersten Blick absurd. Hatten wir nicht in Abschn. 2.2 gerade illustriert, dass verschiedene Zielfunktionen auch zu unterschiedlichen Optima führen. Wie soll dann die Bestimmung des Optimums *einer* konkreten Zielfunktion dadurch möglich sein, dass man *mehrere* Funktionen betrachtet?

Die Lösung besteht in der passenden *Auswahl* und der richtigen *Gewichtung* der beteiligten Funktionen. Um das zu erläutern, müssen wir das Konzept der *Einzelinteressen* einführen, d. h. der Ziele, die von einem *Bestandteil* des Systems verfolgt werden. Von Zielen oder Interessen der Komponenten eines abstrakten Systems zu sprechen, mag zunächst befremdlich erscheinen. Es ermöglicht uns aber, das System gleichsam von innen zu sehen und die Optimierung aus dem Blickwinkel seiner Bestandteile zu führen.

Das N-Damen-Problem kann wieder als Beispiel dienen: Schreibt man jeder Dame das Bestreben zu, keine andere zu sehen, so wird sie versuchen eine Stellung zu finden, in der dies erfüllt ist. Haben alle Damen eine solche Stellung gefunden, so hat aber auch das Gesamtsystem genau den Zustand erreicht, der ein Optimum des N-Damen-Problems darstellt!

Analog kann man in vielen Fällen den Komponenten komplexer Systeme Ziele zuordnen – und zwar so, dass deren Verfolgung zur Verbesserung des Gesamtsystems beiträgt. Wenn z. B. jedes

Bauteil einer technischen Konstruktion „bestrebt" ist, seine Belastung zu reduzieren, so wird auch die Gesamtbelastung geringer ausfallen. Wenn jede elektronische Baugruppe auf einer Platine ihren Platz so „sucht", dass sie andere Bauelemente geringstmöglich stört, so wird auch die Summe der Störungen klein sein. Wenn jeder an sich denkt, ist an alle gedacht – oh, nein, das war jetzt übers Ziel hinausgeschossen!

Wichtig ist nämlich, diese Einzelinteressen so zu definieren, dass sich die Bewertung des Gesamtsystems als *Summe* der Einzelbewertungen ergibt. Nur dann trägt die Optimierung einer Einzelbewertung tendenziell zur Verbesserung des Gesamtsystems bei. Anders ausgedrückt: Die Einzelinteressen sind nicht frei definiert, sondern Größen, die aus dem Gesamtinteresse abgeleitet sind! Nicht ein wilder Individualismus der Einzelnen führt zum Optimum des Gesamtsystems, sondern eine *Einbettung* der Einzelinteressen in den Gesamtzusammenhang – man hätte es sich fast denken können!

Wenn die Einzelinteressen aber derart definiert sind, ist es da nicht naheliegend, von Zeit zu Zeit nicht nur auf die Bewertung des Gesamtsystems zu schauen, sondern auch der einzelnen Dame, dem einzelnen Herrn die Optimierung *ihrer* Bewertung zu erlauben? Bei der Wanderung durch den Konfigurationsraum also auch solche Schritte zuzulassen, die Verbesserungen für einzelne Komponenten des Systems mit sich bringen – selbst wenn das im Augenblick für das Gesamtsystem eine Verschlechterung darstellen sollte.

Dass das keine so schlechte Idee ist, zeigt die Analogie zum „realen Leben": tut es nicht auch jeder Zweierbeziehung gut, wenn sich *beide* Partner wohlfühlen? Wenn *jeder* das Gefühl hat, in seinem Optimum zu sein, es gut zu haben? Dabei gibt es allerdings einen Unterschied zum N-Damen-Problem: Die Damen hatten alle völlig identische Interessen – jede wollte die anderen möglichst nicht sehen. In einer Partnerschaft wäre solch ein Wunsch sicher keine gute Basis für eine glückliche Beziehung. Aber auch wenn man den beteiligten Personen andere Interessen zugesteht, gibt es nie die völlige Übereinstimmung der individuellen Wertvorstellungen und Ziele – und wenn, dann wird das gemeinsame Leben sehr leicht langweilig.

Trotzdem ist es auch für eine Zweierbeziehung durchaus nicht von Schaden, wenn jeder Partner – in einem gewissen Maße, auf das wir gleich noch zu sprechen kommen – seine Einzelinteressen verfolgen kann: Sie mittwochs ins Kino, er samstags zum Fußball – oder umgekehrt –, an den restlichen Tagen aber etwas gemeinsam unternehmen, z. B. Abwaschen.

Der beschriebene Zugang ist die Basis der *demokratischen Optimierung* [11]. Sie geht von der These aus, dass man das Optimum des Gesamtsystems erreicht, indem man in jedem Schritt eine Verbesserung *irgendeines Teilsystems* erzielt. Das kann mal ein einzelnes Element sein, mal eine kleine Gruppe von Elementen, mal das Gesamtsystem. Wenn wir von der Zweierbeziehung auf die Familie zu sprechen kommen, müsste man nur die eben getroffene Aufzählung fortführen und für den Freitag ein Candle-Light-Dinner mit Partner oder Partnerin vorsehen, das gesamte Wochenende aber gemeinsam mit den Kindern verbringen – ups, jetzt ist es doch ein Ratgeber geworden!

Bei jeder der beiden erstgenannten Maßnahmen wird sich vielleicht das eine oder andere Familienmitglied ausgeschlossen fühlen oder nur ihm oder ihr zuliebe mitgehen – mal er, mal sie, mal die Kinder. Aber sie bekommen im Gegenzug einen optimal gestimmten Partner, der seinerseits am Wochenende das eine oder andere Eigeninteresse zurückstellt, denn *Ziel der Optimierung ist das Wohlbefinden des Gesamtsystems, hier der Familie.*

Durch die demokratische Optimierung wird also ein Optimierungspfad beschritten, der stets Verbesserungen mit sich bringt – allerdings mal für's Gesamtsystem, mal für eine Untermenge von Elementen. Die Bewertungslandschaften einzelner Komponenten oder kleiner Gruppen können sich dabei stark von der des Gesamtsystems unterscheiden, was zum Verlassen lokaler Minima führt. Abb. 5.6 illustriert dieses Prinzip.

Betrachten wir als konkretes Beispiel das Auffinden des globalen Minimums im Standortproblem aus Abschn. 2.2 auf der Grenze Nordrhein-Westfalens. Anstelle der Bewertungsfunktion des Gesamtsystems (s. Abb. 2.7a) sind in Abb. 5.7 *vier* Funktionen aufgetragen. Sie entsprechen dem summaren Abstand zu *allen* von uns betrachteten Städten, dann zu den größten 22, danach zu den größten 4 und schließlich nur zu Berlin. Die Form der vier

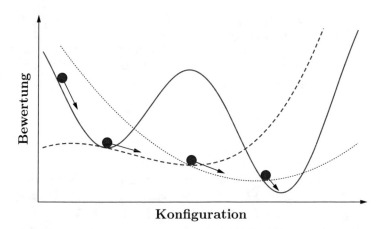

Konfiguration

Abb. 5.6 Vorgehensweise bei der demokratischen Optimierung: In zufälliger Reihenfolge werden die Zielfunktionen des Gesamtsystems (durchgezogene Linie) und verschiedener Teilsysteme (gestrichelte bzw. punktierte Linie) betrachtet. Durch das Verfolgen der Teilziele kann der Wanderer ein lokales Minimum des Gesamtziels verlassen und zum globalen Optimum gelangen

Kurven unterscheidet sich deutlich voneinander und eine Konfiguration, die für die Summe über alle Städte ein lokales Minimum darstellen würde, liegt für Berlin im Einzugsgebiet des globalen Optimums – und vom so erreichten Zustand kann unser Wanderer mühelos ins globale Optimum *aller* Städte gelangen.

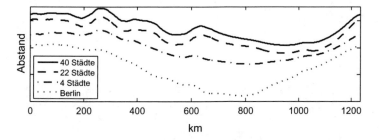

Abb. 5.7 Verschiedene Bewertungsfunktionen auf der Grenze Nordrhein-Westfalens

Wohlgemerkt, wir suchen nicht den günstigsten Standort *für Berlin*, der würde wohl auch kaum auf der Landesgrenze Nordrhein-Westfalens liegen. Aber Berlin darf mitreden, und hin und wieder darf es das ganz laut (naja, das hätte man vielleicht nicht extra betonen müssen)! Wir benutzen den Abstand zu Berlin nur als *Hilfsmittel:* Durch die Beschränkung auf eine oder auf wenige Städte werden die „Interessen" aller anderen temporär ausgeblendet – die Dimension des Systems, und damit seine Komplexität, wird reduziert.

Mehr noch, die Funktionsverläufe einfacherer Systeme sind in der Regel auch einfacher und weisen weniger lokale Strukturen auf. Und es sind nicht *irgendwelche* anderen Funktionen, sondern solche, die einen realen Teil der Interessen repräsentieren. Was Berlin nützt, nützt dem ganzen Land – wenigstens in unserem Algorithmus.

Die Methode ist erstaunlich effizient und vielfach den in den vorangegangenen Abschnitten beschriebenen Heuristiken überlegen. Gegenüber der Strategie der simulierten Abkühlung kann sie dabei besonders in stark zerklüfteten Landschaften besser abschneiden: Sie erlaubt nämlich ein „Durchtunneln" der Berge zwischen verschiedenen lokalen Optima, wo erstere mühsam erst aus einem Tal bergauf klettern muss. Und auch gegenüber genetischen Algorithmen kann sie bestehen, da sie mit einem einzigen freien Parameter auskommt (in Abb. 5.8 als „Exponent" bezeichnet), wo jene von Problem zu Problem eine andere Zusammen-

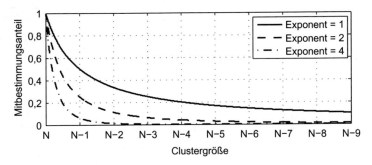

Abb. 5.8 Mitbestimmungsfunktionen der demokratischen Optimierung: Mit abnehmender Größe des Teilsystems („Cluster") sinkt das zugehörige Mitspracherecht – und zwar umso schneller, je größer der Exponent ist

stellung der in Abschn. 5.5 beschriebenen Zutaten erfordern. Und dass Tunneln generell eine effiziente Vorgehensweise darstellt, werden wir im folgenden Abschnitt sehen.

5.7 Das ultimative Würfeln: Quantenalgorithmen

„Gott würfelt nicht." Der Ausspruch, auf den auch die Überschrift dieses Kapitels anspielt, wird Albert Einstein (1879–1955) zugeschrieben. Er bezog sich dabei auf die in den 1920er-Jahren entwickelte Quantentheorie, nach der den Prozessen der Mikrowelt eine objektive Zufälligkeit innewohnt.

Mittlerweile ist die Quantenmechanik längst keine Theorie mehr, sondern hat das 20. Jahrhundert entscheidend geprägt: Quantenphänomene durchdringen mehr und mehr unseren Alltag, häufig, ohne dass wir uns dessen bewusst sind. Ich benutze z. B. gern einen Laserpointer. Natürlich nicht um damit andere Leute oder gar Flugzeuge zu blenden – das ist denn doch eine der makabersten Ideen, auf die manche Leute kommen, sondern als virtuellen Zeigestock. Dabei bemerke ich nicht einmal, dass jeder Laser ein zutiefst quantenphysikalisches Gerät ist, dessen brillanter Strahl nur dank der korrelierten und gerichteten Lichtabstrahlung einer großen Gruppe von Atomen möglich ist – ohne Quantenmechanik wäre das unmöglich. Milliarden-, Billionenfach verstärkt liefern Laser mit der durch sie induzierten Kernfusion vielleicht eines Tages eine praktisch unerschöpfliche und weitgehend saubere Energie. Medizinische Geräte wie Röntgenapparate und Kernspintomografen bauen auf Quanteneffekten auf. Und schließlich ist auch das in Science-Fiction-Büchern und –Filmen beliebte Beamen nur quantenmechanisch denkbar.

Quantenmechanik funktioniert also. Wir können auf ihrer Basis Maschinen bauen, sie also nutzen – der klassische Spruch von der „Praxis als Kriterium der Wahrheit" bestätigt sich hier aufs Neue. Dass hinter ihr höchst sonderbare Phänomene stecken, die unserer Alltagswahrnehmung zutiefst widersprechen, ficht uns dabei nicht an: Da taucht ein Quantenteilchen, das hinter einer Wand gefangen schien, urplötzlich auf der anderen Seite auf – es hat das Hindernis „durchtunnelt". Da gibt es die inzwischen sprichwörtliche Katze des Herrn Schrödinger, die als Überlagerung von „tot" und „lebendig" ihr bemitleidenswertes Dasein fristen muss; auf eine Abbildung verzichte ich hier lieber. Da erweist sich das Vakuum als wabernde Energiesoße, aus der jederzeit virtuelle Teilchen hervorspringen und wieder abtauchen können wie die Fische im Karpfenteich. Und nicht zu vergessen die „spukhafte Fernwirkung" zwischen entfernten Objekten, die schon Albert Einstein suspekt war.

Nun also auch noch Quantencomputer und die für sie geschriebenen Algorithmen mit der Vision, die Fähigkeiten klassischer Supercomputer weit in den Schatten zu stellen. Leider kommt bei einem solchen Thema der Versuch ohne Formeln auszukommen, wie ich ihn in diesem Buch unternehme, an seine Grenzen. Denn während allen klar ist, was der Satz „Die Murmel rollt nach unten" bedeutet und dies keiner mathematischen Erläuterung bedarf, ist uns die Welt der Quantenphänomene ohne Mathematik verschlossen – und mit ist es auch nicht gerade einfach.

Versuchen wir es trotzdem, wobei ich in diesem Abschnitt nur einen der mittlerweile zahlreichen Quantenalgorithmen skizzieren kann, eine umfassendere Darstellung findet sich z. B. in [12]. Die N Damen, die wir in den ersten Kapiteln kennengelernt haben, werden uns dabei helfen: Formulieren wir also ein Quanten-N-Damen-Problem oder kürzer gesagt – ein N-Quanten-Problem. Und um die Aufgabe etwas einfacher zu machen, nehmen wir anstelle der Damen diesmal *Türme*, wir verzichten also auf die Möglichkeit, diagonal zu schlagen.

Um das Problem zu fassen, müssen wir noch einmal einen Abstecher in die Physik machen und über *Energie* reden. Sie spielt eine zentrale Rolle in der Quantenmechanik. Das ist nicht anders als im täglichen, makroskopischen Leben: Alles dreht sich um sie, wir versuchen sie ökologisch verantwortungsvoll herzustellen, zu speichern, gar einzusparen. In ihrer einfachsten Form liegt sie als mechanische Energie vor und setzt sich aus zwei Anteilen zusammen: Der kinetischen oder Bewegungsenergie und der potenziellen Energie, die die relative Lage und die Wechselbeziehungen der Systemkomponenten zueinander ausdrückt – angewandt auf das N-Quanten-Problem werde ich diese Form im Weiteren *Konfigurationsenergie* nennen.

Die eine Energieart kann sich in die andere umwandeln, so wie ein Gegenstand, der aus einer gewissen Höhe auf die Erdoberfläche fällt und anfangs eine große potenzielle Energie hat, diese im Fallen allmählich verliert und dadurch schneller wird, d. h. kinetische Energie aufbaut. Prallt er schließlich auf den Boden, verwandelt sich diese kinetische Energie evtl. wieder in potenzielle – indem er wieder in die Höhe schnellt, bevor sie sich letztlich als Wärmeenergie in die Umgebung zerstreut und der Körper im Minimum seiner potenziellen Energie zur Ruhe kommt. Auch die Quantenmechanik greift die Zweiteilung der Energie in einen kinetischen und einen potenziellen Anteil auf, allerdings geht in ersteren nun ein wahnsinnig kleiner Vorfaktor ein: das Plancksche Wirkungsquantum h = 6,6 · 10^{-34} W·s², und das auch noch im Quadrat!

Doch zurück zu unseren Türmen. Als kinetische Energie des Gesamtsystems kommt logischerweise die Summe der Bewegungsenergien der einzelnen Türme in Betracht. Und die potenzielle, d. h. die Konfigurationsenergie, *definieren* wir so, dass ihr Minimum gerade eine Lösung des N-Quanten-Problems darstellt, d. h. dass sich die Türme nicht gegenseitig schlagen können. Dazu „bestrafen" wir, analog zum N-Damen-Problem, jedes Paar von Türmen, die sich gegenseitig bedrohen, mit einem Punkt.

Wo Bestrafung vorgesehen ist, soll diesmal aber auch Belohnung nicht fehlen. Dazu vereinbaren wir, dass jeder Turm, der auf dem Spielfeld steht, die Konfigurationsenergie des Systems um eine Einheit absenkt. Man kann sich leicht überzeugen, dass dann die Konfiguration mit niedrigster Energie genau aus N Türmen besteht, die sich gegenseitig nicht schlagen können, die also eine Lösung des N-Türme-Problems darstellen (s. Abb. 5.9 für den 2x2-Fall).

Dass ich hier, im Gegensatz zum N-Damen-Problem, eine Belohnung vereinbart habe, hat mit der beabsichtigten Portierung auf einen Quantencomputer zu tun. Dafür erweist es sich als einfacher, nur die *Größe* des Spielfelds vorzugeben und nicht die Anzahl der auf ihm platzierten Türme. Wir müssen also die Türme

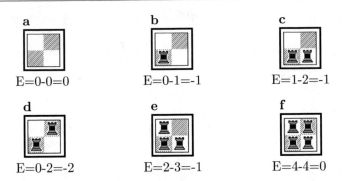

Abb. 5.9 Konfigurationen des 2-Quanten-Problems und deren jeweilige Energien E. Jede Energie setzt sich zusammen aus einem positiven Anteil, der der Anzahl der Bedrohungen entspricht, und einem negativen Anteil, der gleich der Anzahl der Türme auf dem Spielfeld ist. Das Minimum der Konfigurationsenergie ergibt die Lösung des 2-Türme-Problems

belohnen, ins Spiel einzugreifen, sonst würden sie sich gar nicht erst aufs Spielfeld trauen. Wissenschaftlicher ausgedrückt: Ohne Belohnung würde das leere Spielfeld ein Minimum der Konfigurationsenergie darstellen, denn null Türme führen auch zu null Bestrafung, und weniger geht nicht. Eine solche Konfiguration stellt aber natürlich keine Lösung des N-Türme-Problems dar.

Jedes Kästchen unseres Spielfelds kann also unabhängig von allen anderen *zwei* Zustände einnehmen: „besetzt" oder „unbesetzt" – das ist perfekt für die Umsetzung in Quantencomputern. Deren Grundlage bilden *Qubits*, also Quanten-Bits, die quantenmechanischen Analoga der klassischen Bits. Während letztere nur jeweils 2 Zustände einnehmen können, normalerweise mit „0" und mit „1" bezeichnet, kann sich ihr Quantenverwandter in jeder denkbaren *Überlagerung* dieser 2 Extremzustände aufhalten. Man sagt daher, er kann „gleichzeitig" sowohl 0 als auch 1 sein und damit gleichzeitig mit beiden Werten rechnen. Das geht natürlich schneller als die 0 und die 1 nacheinander zu betrachten und so richtig toll in Fahrt kommen die Quantenrechner, wenn sie nicht nur *ein* Qubit enthalten, sondern so viele wie möglich. Ein einziger Quantenzustand eines Systems aus N Qubits repräsentiert dann nämlich eine Überlagerung von 2^N klassischen Zuständen und kann im Prinzip damit 2^N-mal so schnell Ergebnisse liefern wie ein herkömmlicher Rechner.

Wir haben unser N-Quanten-System nun hinreichend modelliert und können zur Optimierung schreiten. Das Minimum der Konfigurationsenergie kann dabei mittels „Quanten-Annealing" gefunden werden [13]. Der Name suggeriert eine Verwandtschaft mit der in Abschn. 5.3.1 beschriebenen Vorgehensweise, obwohl diesmal doch gar nichts ausgeglüht oder abgekühlt wird. Wir werden aber gleich sehen, welcher Parameter die Rolle der Temperatur übernimmt und im Laufe der Optimierung allmählich abgesenkt wird.

Das Verfahren startet, indem zunächst nur die kinetische Energie aktiviert wird. Die Türme laufen also unbeschwert über das Spielfeld, besser gesagt: sie hüpfen, denn sie sollen ja stets auf irgendeinem konkreten „Kästchen" stehen. Dabei bewegt sich jeder Turm unabhängig von allen anderen – es gibt also keine Wechselwirkung zwischen ihnen. Und natürlich sollen die Türme nicht ins Endlose laufen, sie sind ja auf dem Spielfeld eingeschlossen.

Wir suchen als nächstes den Zustand *minimaler* kinetischer Energie. Klassisch würde man denken, dass dazu alle Türme auf ihren Plätzen stillstehen müssen. Quantenmechanisch ist das allerdings nicht möglich, da sie in diesem Zustand einen genau definierten Ort *und* eine genau definierte Geschwindigkeit hätten, was der Heisenbergschen Unbestimmtheitsrelation widersprechen würde. Stattdessen gibt es eine Nullpunktsenergie, und in den dazu gehörenden Grundzustand bringen wir unser System.

Jetzt erst schalten wir in vielen kleinen Schritten die Konfigurationsenergie ein – die Türme fangen an, sich gegenseitig wahrzunehmen. Damit die Gesamtenergie annähernd konstant bleibt, wird gleichzeitig die kinetische Energie graduell reduziert (s. Abb. 5.10). Nach jedem Schritt geben wir dem System genügend Zeit, sich an die veränderten Verhältnisse anzupassen und wieder – wie das ein braves System eben tut – das energetische Minimums einzunehmen. Am Ende dieses langsamen Umschaltens, die Physiker nennen eine solche Vorgehensweise adiabatisch, ist der Zustand des Systems *ausschließlich* durch die potenzielle Energie bestimmt, und auf Grund der adiabatischen Vorgehens-

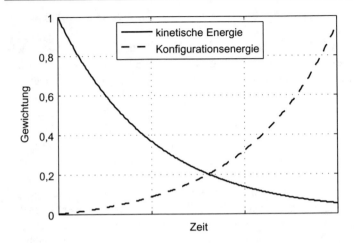

Abb. 5.10 zeitlicher Verlauf des kinetischen und des Konfigurations-Anteils an der Gesamtenergie des N-Quanten-Problems

weise sind wir im Zustand *minimaler* Energie. Mehr noch, das Ausschalten der kinetischen Energie, die ja proportional zu h^2 ist, kann als Absenken des Planckschen Wirkungsquantums interpretiert werden. Wir haben also zum Schluss ein *klassisches* System im Zustand minimaler Energie vorliegen und können die zugehörige Konfiguration direkt auslesen. Voilà – das N-Türme-Problem ist gelöst!

Für das Verfahren spielt es dabei keine Rolle, wie kompliziert die Energielandschaft aussieht: Im 2x2-Fall besitzt sie noch kein lokales Minimum (s. Abb. 5.9), auf größeren Spielfeldern treten diese aber, analog zum N-Damen-Problem, auf. Das Anliegen globaler Optimierungsverfahren besteht darin, aus ihnen wieder herauszufinden und hier kommt der Tunneleffekt ins Spiel: Analog zur oben erwähnten Fähigkeit von Quantenteilchen, „durch Wände zu gehen", können sie auch Berge der Konfigurationsenergie durchdringen, ohne diese mühsam erklettern zu müssen (vgl. Abb. 5.2). Wir sehen die Vorgehensweise, die sich auch schon in der demokratischen Optimierung bewährt hat damit hier auf grundlegender physikalischer Ebene verwirklicht!

Soviel zur Theorie. Jetzt brauchen wir nur noch ein reales System, mit dem dieser Algorithmus umgesetzt werden kann, einen Quantencomputer eben. Das erweist sich nun allerdings als ziemlich kompliziert. Qubits sind nämlich wahre Mimosen: die kleinste äußere Störung und sie ziehen sich aus dem Überlagerungszustand, mit dem wir doch so schnell rechnen wollten zurück auf einen der beiden klassischen, „0" oder „1". Die physische Realisierung von Quantencomputern ist denn auch eine Wissenschaft für sich und bedarf immer noch großer Fortschritte der Experimentierkunst. Geforscht wird u. a. an Spinsystemen (s. Kap. 8), supraleitenden Schaltkreisen, Ionenfallen und Gitterdefekten [12]. Nach und nach ist es dabei gelungen, eine nennenswerte Anzahl von Qubits in einem Rechner zu vereinen und das Gesamtsystem hinreichend lange von der Umgebung abzuschirmen. Als Durchbruch wird der 2019 von Google vorgestellte Chip mit 53 Qubits angesehen, der eine (sehr spezielle) Aufgabe ungleich schneller als herkömmliche Superrechner lösen konnte und damit erstmals die sogenannte Quantenüberlegenheit praktisch demonstriert hat.

Etwas weiter entwickelt sind auf das Quanten-Annealing spezialisierte Rechner und auf einen solchen können wir unseren Algorithmus nun übertragen: Die Anwesenheit bzw. das Fehlen eines Turms auf einem Kästchen des Spielfelds hatten wir ja schon mit Hilfe *eines einzelnen* Qubits repräsentiert. Für das 2-Türme-Problem brauchen wir jetzt insgesamt vier Qubits: eins für das Feld a1, eins für a2 und analog für b1 und b2. Bleibt noch, deren Wechselbeziehung abzubilden. Dazu muss man die Qubits geeignet verbinden. In unserem Fall hängt die Konfigurationsenergie davon ab, ob zwei Türme nebeneinander stehen oder nicht. Wir müssen also a1 mit a2 und mit b1 verbinden, a2 mit a1 und b2 usw. usf. Das geht am einfachsten in der sog. Chimera-Topologie des Rechners [13], s. Abb. 5.11. Wir identifizieren dazu das Feld a1 mit dem Qubit 1, b1 mit 5, a2 mit 6 und b2 mit 7 – die anderen vier Qubits der abgebildeten Zelle brauchen wir für unsere einfache Aufgabe nicht. Für größere Spielfelder mit mehr Türmen benötigt man natürlich mehr Qubits, aber auch die dafür erforderlichen Systeme lassen sich aus Zellen der dargestellten Art zusammenbauen – das Quanten-Annealing kann beginnen!

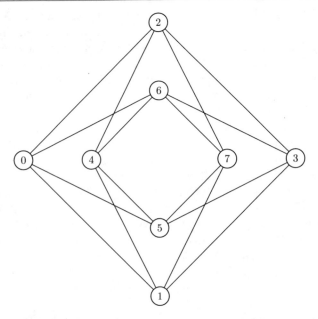

Abb. 5.11 Zelle eines Quantencomputers mit der Chimera-Topologie. In Rechnern mit mehreren Zellen sind diese horizontal (über die Qubits 1, 2, 5 und 6) und vertikal (über 0, 3, 4 und 7) gekoppelt

Warum habe ich die Hintergründe dieses Verfahrens so ausführlich behandelt? Zwei Türme vernünftig aufzustellen, hätten wir vielleicht auch ohne Quantenhilfe geschafft. Der Witz liegt in der Verallgemeinerbarkeit: Mit dem beschriebenen Verfahren lassen sich beliebige Systeme optimieren! Ich muss sie dazu nur als System von Zwei-Niveau-Komponenten, von ja-nein-Entscheidungen darstellen – die Spingläser in Kap. 8 liefern ein anschauliches Beispiel – und auf einem Quantencomputer implementieren.

Wir werden uns also wohl oder übel darauf einstellen müssen, dass zu den undurchsichtigen, ja geradezu unheimlichen Quantenphänomenen vom Anfang dieses Abschnitts das nicht minder unanschauliche Quanten-Rechnen kommen wird. Schrödingers Katze ist nicht tot – ganz im Gegenteil: sie entwickelt sich mehr und mehr zu *dem* Tier des 21. Jahrhunderts!

Die Kapitelüberschrift bezieht sich auf den Albert Einstein (1879–1955) zugeschriebenen Ausspruch „Gott würfelt nicht". Allerdings hatte dieser dabei die Rolle des Zufalls in der Mikrowelt im Blick.

Der Ausruf „Heureka!" geht auf den griechischen Denker Archimedes von Syrakus (ca. 287 v. u. Z. bis 212 v. u. Z.) zurück, dem beim Baden eine geniale Idee kam. In der Folge wurde er in vielen Badewannen dieser Welt beim Auffinden von Seife oder Badeente ausgestoßen.

„Es führt kein Weg zurück" ist ein Roman von Thomas Wolfe [14].

„Vorwärts und nicht vergessen" wurde von Bertolt Brecht (1898–1956) geschrieben und von Hanns Eisler (1898–1962) vertont [15].

„Du bestimmst den Weg" war u. a. ein Motto des „Bürger Europas e. V." zur Europawahl 2014.

Literatur

1. Metropolis N, Rosenbluth A, Rosenbluth M, Teller A, Teller E: Journal of Chemical Physics 21 (1953) 1087–1092
2. Lang R F (Regie) Metropolis. Deutschland, 1927
3. Kirkpatrick S, Gelatt CD, Vecchi MP: Science 220 (1983) 671–680
4. Dueck G, Scheuer T: Journal of Computational Physics 90 (1990) 161–175
5. Schrimpf G, Schneider J, Stamm-Wilbrandt H, Dueck G: Journal of Computational Physics 159 (2000) 139–171
6. Dueck G (2006) Das Sintflutprinzip – ein Mathematik-Roman. Springer-Verlag, Berlin Heidelberg
7. Roddenberry G (Idee) Star Trek. USA, 1966–1969
8. Glover F, Laguna M (1997) Tabu Search. Kluwer Academic Publishers, Dordrecht
9. Darwin C (2018) Der Ursprung der Arten (Neuübersetzung). Klett-Cotta, Stuttgart
10. Schöneburg E, Heinzmann F, Feddersen S (1994) Genetische Algorithmen und Evolutionsstrategien. Addison-Wesley, Bonn

11. Dittes F-M (1996) Democratic Optimization for Discrete and Continuous Systems. In: Parallel Problem Solving From Nature – PPSN IV, Springer Lecture Notes in Computer Science 1141, S. 646–655; Physical Review Letters 76 (1996) 4651–4655

12. iXspezial – Quantencomputer (2021)

13. Neukart F Eigene Wege – Quanten-Annealer für Optimierungsaufgaben. In [12], S. 50–55

14. Wolfe T (1995) Es führt kein Weg zurück. Rowohlt Taschenbuch Verlag, Hamburg

15. Das Solidaritätslied (1932) In: Dudow S (Regie) Kuhle Wampe oder: Wem gehört die Welt? Deutschland

Der Weg ist das Ziel: von kurzen Routen und langen Folgen

6

Zusammenfassung

Aufbauend auf den beschriebenen Optimierungsverfahren werden im Folgenden einige der bekanntesten Anwendungsfälle vorgestellt. Vom Problem der kürzesten Rundreise komme ich auf das der optimalen Führung einer Verkehrs- oder Stromtrasse zu sprechen und schließe dieses Kapitel mit der Diskussion von Ablaufplanungen.

6.1 Jetzt geht's rund: das Problem des Handelsreisenden

Ein klassisches Problem der diskreten Optimierung ist das des oder der Handelsreisenden: Ein Vertreter soll eine Menge von Städten besuchen und am Ende zu seinem Ausgangspunkt zurückkehren, und er soll dies auf einem möglichst kurzen Weg schaffen. Vom mathematischen Standpunkt aus handelt es sich um das Problem, die kürzeste Rundreise durch eine Reihe von gegebenen Punkten zu finden, wobei die Reihenfolge, in der die Punkte besucht werden, beliebig sein darf.

Das Problem erweist sich als nichttrivial. Sie können leicht ausprobieren, wie viele Möglichkeiten es gibt: Dazu ist es am besten, wir nummerieren die Städte: Der ersten Stadt geben wir die

© Springer-Verlag GmbH Deutschland, ein Teil von Springer Nature 2022
F.-M. Dittes, *Optimierung*, Technik im Fokus,
https://doi.org/10.1007/978-3-662-64906-0_6

Nummer 1, der zweiten, die 2 usw. usf. bis zur letzten, die die letzte Zahl, N, erhält. Eine Tour kann dann durch eine Folge der Zahlen 1 bis N beschrieben werden. Bei 2 Städten gibt es offenbar nur zwei Möglichkeiten solcher Folgen: 1-2 und 2-1. Im ersten Fall startet der Handelsreisende in Stadt 1 – besucht von dort aus Stadt 2 und kehrt nach 1 zurück, im zweiten Fall geht er analog von Stadt 2 nach 1 und dann zurück nach 2. Beide Touren haben offenbar dieselbe Länge: ob Hin und Her oder Her und Hin, es läuft auf das Gleiche hinaus.

Bei mehr als zwei zu besuchenden Städten kann die *Richtung* der Tour aber durchaus Einfluss auf ihre Länge haben – stellen Sie sich z. B. vor, manche Straßen zwischen zwei Städten seien nur in eine Richtung befahrbar, so dass in der Gegenrichtung ein Umweg genommen werden muss. Man unterscheidet dementsprechend den *asymmetrischen* Handelsreisenden vom *symmetrischen*, und nur auf Letzteren wollen wir uns hier konzentrieren.

Wenn das Problem N Städte beinhaltet, gibt es $(N-1)!/2$ verschiedene Touren – das Ausrufezeichen kennzeichnet wieder die über alle Maßen schnell anwachsende Fakultätsfunktion, d. h. das Produkt aller natürlichen Zahlen von 1 bis (N-1). Das exakte Minimum ist dennoch für viele konkrete Probleme bekannt, darunter für solche mit sehr vielen Punkten – der Weltrekord für exakt gelöste Rundreiseprobleme liegt heute bei mehreren 10.000 Punkten. Bekannt ist z. B. nicht nur der kürzeste Weg durch 15.112 deutsche Städte und durch sämtliche 24.978 Ortschaften Schwedens – wozu immer das gut sein soll. Auch 85.900 Punkte einer Leiterplatte können inzwischen verbunden werden, ohne den kleinsten Umweg zu machen. Fairerweise muss man sagen, dass derartige Problemstellungen häufig eher den Wert akademischer Fingerübungen denn praktische Relevanz haben. Der Unterschied der exakten Lösung zu einer heuristisch gefundenen – wir zeigen gleich ein Beispiel – liegt gewöhnlich nur bei wenigen Prozent.

Die Anzahl der möglichen Touren ist unvorstellbar groß, s. Tab. 6.1: $10^{386.521}$ ist bekanntlich eine 1 mit 386.521 Nullen – genug, um ein Buch wie dieses von vorn bis hinten damit zu füllen.

Tab. 6.1 Anzahl möglicher Rundreisen durch N Städte

Anzahl der Punkte	Anzahl möglicher Touren
3	1
9	20.160
19	$3,2 \cdot 10^{15}$
39	$2,6 \cdot 10^{44}$
15.112	$7,3 \cdot 10^{56.592}$
85.900	$5,6 \cdot 10^{386.521}$
...	
N	$0,5 \cdot (N-1)!$

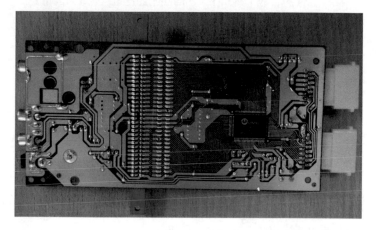

Abb. 6.1 Leiterbahnen auf einer Platine. (Foto: Nzeemin, https://commons.
wikimedia.org/wiki/File:Dldklpcb.jpg)

Mehr noch, es ist kein Algorithmus bekannt, der das Problem
deterministisch lösen könnte (ausgenommen natürlich Fälle, in
denen die Punkte besonders einfach angeordnet sind, etwa auf
einer Linie oder auf andere Weise „ordentlich") – die perfekte
Spielwiese also für unsere Monte-Carlo-Heuristiken.

Dabei ist „spielen" sicher nicht das richtige Wort, kommt dem
Problem doch eine enorme technische Bedeutung zu. Stellen Sie
sich den Reisenden dazu nicht als Mensch vor, sondern als Bohr-
maschine, und die zu besuchenden Punkte nicht als Städte, sondern
als Bohrlöcher auf einer Leiterplatte, s. Abb. 6.1. Das Layout und

die Herstellung solcher Platten beinhalten vielfältige Optimierungsaufgaben, die unter dem Namen *Grundrissplanung* zusammengefasst werden. Da ist zunächst die *Anordnung* der Bauelemente oder Baugruppen. Dann kommt das Verlegen der notwendigen *Verbindungen*, wobei es im Ermessen des Designers liegt, ob diese auf der Ober- oder auf der Unterseite der Platte verlaufen sollen. Und schließlich das Anfertigen der *Bohrlöcher*, um Leitungen auf der einen Seite mit denen auf der anderen zu verbinden. Die Führung eines Bohrkopfs geschieht dabei durch zwei Motoren, die die Bewegung in x- bzw. y-Richtung veranlassen.

Das Ziel der Optimierung besteht darin, alle Löcher anzusteuern – und zwar mit kleinstmöglicher Laufzeit der Motoren. Den „Abstand" zweier Löcher erhält man daher nicht durch Bestimmen der geometrische Entfernung – der „Luftlinie" im Sinne von Abb. 2.6, sondern indem man die Differenz der x-Koordinaten und die Differenz der y-Koordinaten addiert, da für jede der zu überwindenden Distanzen ein anderer Motor eingeschaltet werden muss. Wir haben hier ein typisches Beispiel der „Manhattan-Metrik" – auch in Manhattan oder Mannheim würde sich der Aufwand, von einem Punkt zum anderen zu gelangen, analog berechnen lassen.

Doch zurück zu unseren Städten. Wo es so unüberschaubar viele Möglichkeiten gibt, liegt die Versuchung nahe, die Augen vor der Komplexität zu verschließen und zu versuchen, das Ziel mit einfachen Mitteln zu erreichen. Gibt es also vielleicht eine Heuristik, die in der Lage wäre, eine gute Tour zu bestimmen – wenn auch vielleicht nicht *die* optimale?

Sofort in den Sinn kommt folgende Vorgehensweise: Jeder Punkt wird mit dem ihm am nächsten liegenden verbunden – nennen wir das die *Nächster-Nachbar-Heuristik*. Leider führt das zu Touren, die aus mehreren Teilstücken bestehen. Ein Beispiel ist in Abb. 6.2 zu sehen: Die Punkte 1, 2 und 3 bilden ein Teilstück, die Punkte 4, 5 und 6 ein anderes – eine Verbindung zwischen beiden kommt aufgrund des großen Abstands von 4 zu 3 nicht zustande. Auch wenn wir die Punkte 5 und 6 in Gedanken weit nach rechts schieben, sodass der nächste Nachbar von Punkt 4 Nummer 3 wäre, hätten wir ein Problem mit dieser Heuristik: 4 würde sich zwar mit 3 verbinden wollen, aber 3 nicht mit 4 – liegen ihm doch die Punkte 1 und 2 im wahrsten Sinne des Wortes näher. Der eine will, der andere nicht – es ist wie im echten Leben …

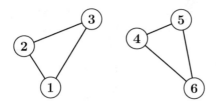

Abb. 6.2 Verbindungsversuche zwischen Punkten: Wenn jeder Punkt bestrebt ist, sich mit möglichst nahegelegenen zu verbinden, zerfällt die Tour in mehrere Komponenten

Ganz so leicht wollen wir unsere Heuristik aber doch nicht aufgeben. Die optimale Tour soll doch die kürzestmögliche sein, und das kann sie sicher nur, wenn sie möglichst viele kurze Verbindungen enthält! Wählen wir also irgendeine Stadt als Startpunkt aus, verbinden sie mit ihrem nächsten Nachbarn, gehen von diesem wiederum zum nächsten *freien* Nachbarn usw., bis wir den letzten freien Punkt erreicht haben. Diesen verbinden wir mit dem Startpunkt, so dass eine geschlossene Tour entsteht – eine Vorgehensweise, die in vielen Fällen in der Tat zu einer ganz passablen Lösung führt. Aber ist es die optimale? Normalerweise leider nicht. Schon anhand unserer 22 Lieblingsstädte zeigen sich zwei Probleme: Erstens hängt die erhaltene Tour vom Startpunkt ab (s. Abb. 6.3, in der dieser jeweils weiß markiert ist) und zweitens enthält die wirklich optimale Tour Verbindungen, die der beschriebenen Vorgehensweise widersprechen. Berlin als Startpunkt liefert noch eine recht passable Tour – Hauptstadt zu sein verpflichtet schließlich. Auch von München aus geht es noch ganz ordentlich. Aber die Tour in Dresden zu beginnen, ist keine gute Idee, zumindest, solange man dieser Heuristik folgt – es tut mir leid, dass ich das über meine Heimatstadt sagen muss. Interessant ist auch der Startpunkt Stuttgart (Abb. 6.3c): Ich habe ihn in die Abbildung aufgenommen, obwohl er dieselbe Tour ergibt wie die in Berlin beginnende. Das ist aber erst neuerdings so, seitdem nämlich Karlsruhe und Mannheim den Sprung über die 300.000-Einwohner-Schwelle geschafft haben (s. Tab. 2.2) und damit in den Kreis der zu verbindenden Städte aufgenommen worden sind. Zu Zeiten der ersten Auflage 2015 fehlten diese bei-

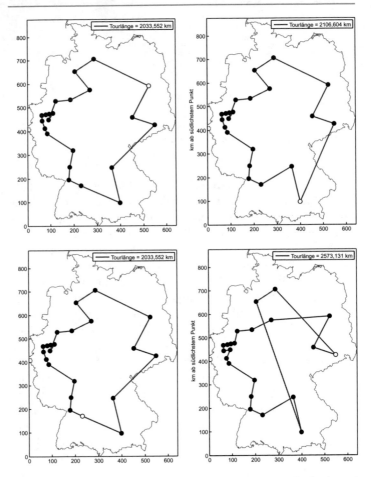

Abb. 6.3 Tourenbildung mittels Nächster-Nachbar-Heuristik, beginnend von Berlin, München, Stuttgart und Dresden (jeweils weiß markiert)

den als Nachbarn Stuttgarts und die resultierende Tour war wesentlich schlechter.

So richtig gut funktioniert die Nächster-Nachbar-Heuristik also nicht – und zwar nicht nur, weil das Ergebnis vom Startpunkt abhängt, sie erweist sich auch als instabil bezüglich der zugrunde gelegten Datenbasis. Jede Tour startet zwar noch ganz vernünftig. Da diese Vorgehensweise aber im wahrsten Sinne des Wortes gierig ist, widerfährt der Heuristik dasselbe Schicksal wie den in Abschn. 5.2 beschriebenen „Greedy"-Algorithmen: Das globale Ziel gerät aus dem Blick. Es ist daher nicht verwunderlich, dass es in vielen Fällen zu einem dicken Ende kommt: Die meisten Punkte sind schon „verbraucht" und die freien haben einen gehörigen Abstand voneinander. Auch für die Nächster-Nachbar-Heuristik gilt: „Die Wege des geringsten Widerstands sind nur am Anfang asphaltiert" [1].

Bemühen wir also doch besser ein Monte-Carlo-Verfahren. Wir geben dazu jeder Stadt zunächst eine Nummer, z. B. ihren Rang entsprechend der Einwohnerzahl, s. Tab. 2.2. Eine Konfiguration wird dann durch eine bestimmte Anordnung dieser Nummern beschrieben, also durch eine *Permutation*. Jede Nummer kommt dabei genau einmal vor, und da die Tour geschlossen sein soll, können wir zudem vereinbaren, dass eine bestimmte Zahl in allen Konfigurationen an den Anfang geschrieben wird – z. B. die „1".

▶ Definition   Permutation: Anordnung von Objekten in einer bestimmten Reihenfolge

Permutieren: Ändern der Reihenfolge durch Vertauschen der Objekte

Als Ausgangskonfiguration nehmen wir *irgendeine* Permutation, die wir anschließend – ebenfalls zufällig – ändern. Aber was heißt „ändern"? Wie gelangen wir von einer Tour zu einer anderen? Was ist also die Nachbarschaft einer Tour? Sie erinnern sich, dass eine Nachbarschaft weder zu klein noch zu groß gewählt werden sollte: Eine zu kleine Nachbarschaft führt zu einer Landschaft mit vielen lokalen Minima, eine zu große erschwert das Finden des „richtigen" Schrittes. Beim Übergang von einer Konfiguration zu einer anderen sollte die Tour also am besten nur ein bisschen verändert werden – drei mögliche Änderungen sind in Abb. 6.4 skizziert.

Die in Abb. 6.4a dargestellte Tourenänderung stellt die denkbar einfachste Operation dar. Sie besteht im Auftrennen zweier

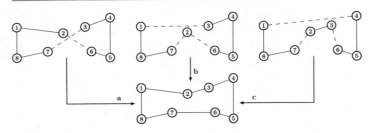

Abb. 6.4 Mögliche Schritte zur Tourenänderung durch Auftrennen und Neuverknüpfen zweier (Fall **a**) bzw. dreier (**b** und **c**) Verbindungen

Verbindungsstrecken und einem Neu-Verknüpfen der freien Enden durch „Partnertausch" – von den Optimierern wird dieser Schritt als „2-opt" bezeichnet. Die beiden anderen in Abb. 6.4 illustrierten Konfigurationsänderungen erfordern das Auftrennen von *drei* Teilstücken: Das in Abb. 6.4b dargestellte Verfahren löst dabei *eine* Stadt aus der Tour heraus und setzt sie an einer anderen Stelle wieder ein. Abb. 6.4c beschreibt sogar das Heraustrennen eines ganzen Touren*abschnitts* und dessen Wiedereinfügen an anderer Stelle – in Anbetracht der zufälligen Auswahl der Schnitte eine gewagte Operation, die nur in seltenen Fällen zu einer Verbesserung der Route führt!

Mit den vorgestellten Schritten können wir nun unsere Optimierung in Angriff nehmen. Zunächst verwenden wir dabei nur das „2-opt"-Verfahren. Wie erwartet, weist die Bewertungsfunktion eine Reihe lokaler Minima auf – Abb. 6.5 zeigt einige Beispiele. Dabei stellt die links oben skizzierte Tour mit der Länge 1988,738 km das globale Minimum dar.

Die Hinzunahme der anderen in Abb. 6.4 dargestellten Änderungsverfahren glättet die Landschaft, indem ein Ausweg aus den bisherigen lokalen Minima ermöglicht wird. Als Beispiel können die weiß markierten Städte in Abb. 6.5c dienen: durch Lösen der Verbindung zwischen Mannheim und Bonn sowie das nachfolgende Einbinden von Frankfurt zwischen diese beiden – entsprechend der in Abb. 6.4b dargestellten Vorgehensweise – entsteht eine kürzere Tour. Die nachfolgende Anwendung des in Abb. 6.4c skizzierten Schritts auf das Viereck Bremen – Hannover – Bielefeld – Münster überführt die Tour sogar unmittelbar in

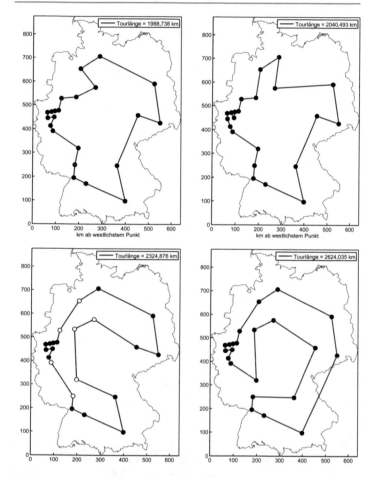

Abb. 6.5 Lokale Optima der Rundreise durch die 22 größten Städte Deutschlands. In Abb. c) sind Mannheim, Frankfurt und Bonn (linkes unteres Dreieck) sowie Bremen, Hannover, Bielefeld und Münster (Viereck links oben) weiß markiert. Durch Anwendung der Schritte b und c aus Abb. 6.4 auf diese wird die Tour ins globale Minimum (Abb. a) überführt

das globale Optimum. Die Einbeziehung komplizierterer Schritte in den Optimierungsalgorithmus führt also zu offenkundigen Verbesserungen. Es ist wieder wie im Leben: Wer mehr kann, kommt einfach weiter.

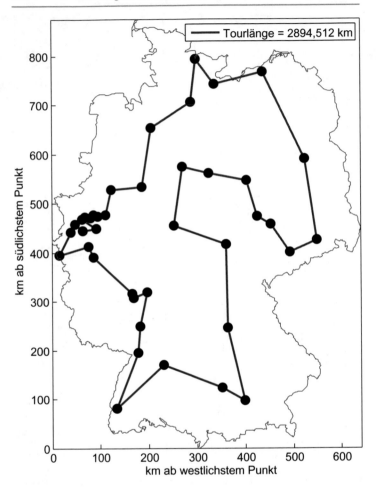

Abb. 6.6 Optimale Tour durch die 40 größten deutschen Städte

Die beschriebenen Schritte erlauben auch die Lösung größerer Probleme. In Abb. 6.6 ist die sich ergebende optimale Tour durch alle 40 in Abschn. 2.2 aufgeführten Städte gezeigt.

6.2 Auf gutem Weg: die optimale Trassenführung

Lesen Sie auch so gern Neues aus der Weltraumfahrt? Mit Menschen geht es ja zzt. nicht mehr so weit weg: mal ein Flug zur ISS, ein halbes Jahr im Kreis fliegen und wieder zurück – das ist mittlerweile fast Routine. Aber unbemannte Sonden an Jupiter oder Pluto vorbei zu steuern oder sie gar auf einem winzig kleinen Kometen landen zu lassen, das sind extreme Optimierungsaufgaben. Dabei soll hier nicht die ganze Breite der technologischen Herausforderungen betrachtet werden, die so ein Unternehmen mit sich bringt. Schauen wir uns nur einmal die Flugbahn einer solchen Sonde an:

In Abb. 6.7 ist der Weg der Sonde „Rosetta" auf ihrem Weg zum Kometen 67P/Tschurjumow-Gerassimenko, liebevoll kurz „Tschuri" genannt, gezeigt. Aber was ist das? Statt auf kürzestem Wege den Kometen anzusteuern, schlingt sich die Bahn mehr als 4-mal um die Sonne, kommt dabei der Erde, von der sie sich doch eigentlich entfernen sollte, wiederholt nahe, besucht den Mars und 2 Asteroiden – und erst ganz zum Schluss setzt sie sich auf die Spur des Kometen und holt ihn irgendwann ein. Die *Länge* des Fluges wurde also offensichtlich nicht minimiert. Und auch das

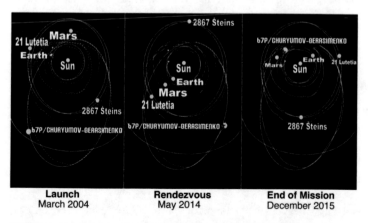

Abb. 6.7 Flugbahn der Kometensonde „Rosetta". (Autor: Garafatea, https://commons.wikimedia.org/wiki/File:Rosetta_111106.jpg)

Minimieren der *Flugdauer* kann nicht das Ziel der Ingenieure gewesen sein: mehr als 10 Jahre ist Rosetta unterwegs zu ihrem Kometen gewesen.

Nein, die komplizierte Bahn war das Ergebnis der Minimierung des *Aufwands,* d. h. der zum Erfüllen der Mission erforderlichen Treibstoffmenge. Durch den Beginn der Reise auf einer erdnahen Bahn genügte es, Rosetta nur bis zur 2. kosmischen Geschwindigkeit, d. h. auf 11,2 km/s, zu beschleunigen – die weitere Beschleunigung erfuhr sie im Laufe ihrer Reise bei den erwähnten Vorbeiflügen an Erde und Mars. Für die direkte Ansteuerung des Ziels wäre hingegen eine wesentlich höhere Anfangsgeschwindigkeit nötig gewesen, was bei der gewünschten Nutzlast mit heutigen Mitteln nicht zu realisieren war.

Nun können wir hier nicht Flugbahnen von Weltraumsonden berechnen. Etwas irdischer besteht jedoch das gleiche Problem: Finde die optimale Bahn von einem Punkt zu einem anderen! Als Beispiel soll die Führung von Stromtrassen dienen – bekanntlich eines der am heftigsten diskutierten Probleme der aktuellen Energiewende. Nehmen wir an, wir könnten dabei *zwei* Trassen verlegen: eine in Nord-Süd-Richtung und eine von Ost nach West. Um politischen Entscheidungen nicht vorzugreifen, wählen wir als Start- und Endpunkte die in Abschn. 2.2 eingeführten geografischen Extremalpunkte und versuchen also, den nördlichsten mit dem südlichsten und den östlichsten mit dem westlichsten Punkt Deutschlands optimal zu verbinden, s. Abb. 6.8.

Aber was heißt denn „optimale Verbindung"? Wir sind im Fragen ja nun schon geübt: die beste für wen, für welchen Zweck, mit welcher Zielfunktion? Die kürzeste, die billigste, die umweltverträglichste? Sollen wir die Trasse möglichst fernab von allen Städten verlegen oder auf *kürzest möglichem* Wege? Welche Rolle spielt die Geländestruktur? Zum Glück sind die Zeiten vorbei, als Zar Nikolaus I. die Routenplanung von St. Petersburg nach Moskau vornahm, indem er beide Städte mit einem Lineal auf der Landkarte verband. Ob Berge, Sümpfe, Dörfer – Ukas war Ukas.

▶ Ukas: Erlass eines Staatsoberhaupts mit Gesetzeskraft, besonders verbreitet im vor- und im nachrevolutionären Russland

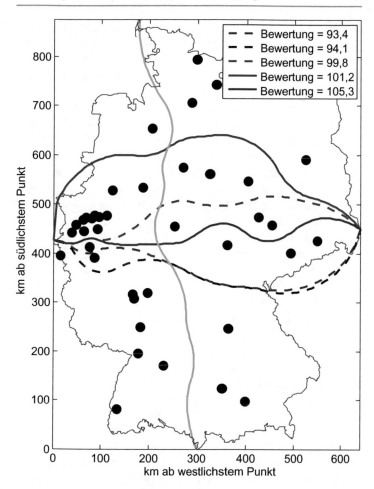

Abb. 6.8 Lokale Optima der Trassenführung in Nord-Süd- und in Ost-West-Richtung. Dargestellt sind Trassen, die eine möglichst geringe Länge aufweisen, aber trotzdem den eingezeichneten Städten nicht zu nahe kommen

Heute wird geplant, indem verschiedene Ziele gegeneinander abgewogen werden, grob gesagt aufgrund von Nutzen- und Kosten-Betrachtungen. Als Nutzen kommt die Erhöhung der Transportkapazität oder die Möglichkeit des Einsatzes moderner

Technik in Betracht. Dem wachsenden Nutzen stehen Bau- und Unterhaltungskosten gegenüber sowie vielfältige Randbedingungen: Landschafts- und Naturschutz, Eigentumsverhältnisse, Stimmungen in der Bevölkerung, politische Prioritäten usw. usf.

Wir müssen uns also für eine Zielfunktion entscheiden, die zwischen Nutzen und Kosten einen Kompromiss findet. Die Optimierung stößt dabei auf ein neues Problem: Eine Trasse ist eine Kurve, und jede Kurve weist *unendlich* viele Punkte auf. Jeder dieser Punkte kann grundsätzlich irgendwo in Deutschland liegen. Wir haben es also mit einem kontinuierlichen Optimierungsproblem zu tun, aber die Dimension des Konfigurationsraums ist *unendlich*! Und im Unendlichen arbeitet es sich immer ganz schlecht.

Zur Lösung des Problems müssen wir die Trasse deshalb *annähern*: Wir betrachten nicht die Kurve in ihrer detaillierten Gestalt, sondern mitteln sie jeweils über einen Abschnitt von, sagen wir, zehn Kilometern – eine analoge Prozedur hatten wir bereits für die Glättung der Kurvenverläufe in Abb. 2.7 angewandt. Die – endlich vielen – Mittelpunkte dieser Abschnitte bilden die Stützstellen der Trassenführung und optimiert wird deren Lage.

Festgelegt werden muss nun noch, welche *Bewertung* jedem dieser Trassenpunkte zugewiesen wird. Die Trasse soll *abseits* der großen Städte verlaufen, gleichzeitig wollen wir ein *Minimum* bestimmen. In Frage kommt daher der Kehrwert des Abstands zur nächstgelegenen Stadt. Der Wert der gesamten Trasse ergibt sich anschließend als Summe der Bewertungen aller Stützstellen, die Mathematiker würden sagen: als *Integral* entlang der Trasse.

Die so definierte Zielfunktion stellt sicher, dass die Trassenführung unter Berücksichtigung der Interessen der Städte vorgenommen wird: Kleine Abstände zu Städten verschlechtern die Bewertung. Andererseits kommt auch keine Trasse zustande, die weit abseits aller Städte verläuft und damit eine große Länge aufweisen würde, weil dies zu einem Ansteigen der Zahl der Stützstellen und damit zu einem Anwachsen des Integrals führen würde.

Abb. 6.8 zeigt das globale Optimum einer solchen Trassenführung in Nord-Süd- sowie mehrere lokale Optima in Ost-West-

Richtung unter Berücksichtigung der uns durch dieses Buch be-
gleitenden 40 großen Städte. Die Optimierung stößt dabei auf
keine besonderen Probleme: Wir wenden das generelle Konzept
der Monte-Carlo-Verfahren an und starten mit einer konkreten
Verbindung der beiden Endpunkte, z. B. einer geraden Linie. Anschließend wird nach dem Zufallsprinzip die Lage einer Stütz-
stelle ein wenig verändert und die so erhaltene Trasse bewertet.
Die Optimierung folgt dann einer der Meta-Heuristiken von
Kap. 5 – Sie können sich vorstellen, dass ich mich dabei meiner
Lieblingsheuristik, der demokratischen Optimierung, bedient
habe.

Für die Nord-Süd-Richtung ergibt sich ein breites Einzugsgebiet in ein globales Minimum – die Trasse muss nur um Bremen und Kassel herumgeführt werden und weicht ansonsten
wenig von der direkten Verbindungslinie beider Endpunkte ab.
Sie ähnelt erstaunlich gut dem mittlerweile verbindlich fest-
gelegten Verlauf der SuedLink-Trasse [2]. Schwieriger ist es in
Ost-West-Richtung, wo gleich mehrere Städte eine geradlinige
Verbindung verhindern. Es gibt daher viele lokale Minima, die
Abbildung zeigt nur einige davon. Bedauerlicherweise führen die
allerbesten auch noch durch Nachbarländer. Ob die von unseren
Trassen so begeistert sein werden, ist fraglich – vielleicht sollten
wir schon mal lernen, auf Tschechisch zu fragen: „Darf ich hier
eine Stromleitung bauen?"

Aber auch innerhalb Deutschlands gibt es noch genügend gute
Lösungen. Und wo so viele Möglichkeiten bestehen, ist klar, wie
das Optimum gefunden wird: Die Entscheidung wird ganz oben –
also, fast ganz oben – getroffen. Der Zar lässt grüßen.

6.3   Immer der Reihe nach: Ablaufplanungen

Wir können das beschriebene Herangehen nun auf viele andere
Wege-Probleme übertragen. Ein Weg muss dabei nicht unbedingt
einen geografischen Inhalt haben wie in den vorangegangenen
Abschnitten. Er kann auch eine Abfolge von Ereignissen oder
Handlungen beschreiben, einen Prozess oder eine Kopplung von
räumlichen und zeitlichen Anforderungen.

Ein Beispiel für Letztere stellt das Problem des Handelsreisenden *mit Zeitfenstern* dar. Dabei wird dem Reisenden eine *Geschwindigkeit* zugeordnet; jeder Tour kommt damit eine gewisse Dauer zu, und diese Dauer soll minimiert werden. Zusätzlich hat jeder Punkt aber nur in einem bestimmten Zeitraum „geöffnet", d. h. nur in diesem Zeitintervall darf er besucht werden. Das Rundreise-Problem wird dadurch wesentlich verkompliziert – je kleiner die Zeitfenster sind, desto mehr. Unter Umständen gibt es dann überhaupt keine Lösungen mehr: wenn die Geschwindigkeit des Reisenden zu klein ist und die Zeitfenster so unglücklich bemessen sind, dass er es einfach nicht schafft, von einem Fenster in irgendein anderes zu gelangen.

Näher eingehen wollen wir im Folgenden aber auf die *Ablaufplanung*, d. h. auf die Optimierung der Abfolge von Handlungen. Auch dieses Problem hat eine lange Geschichte: „Heute back' ich, morgen brau' ich, übermorgen hol' ich der Königin ihr Kind." Damit hat schon Rumpelstilzchen die optimale Reihenfolge verfehlt. Anstatt mit *der* Handlung zu beginnen, die den anderen erst ihren Sinn gibt, schiebt es sie unnötig auf die lange Bank – zu lange, wie wir heute dank der Brüder Grimm wissen [3].

Oder stellen Sie sich vor, Sie wollten einerseits jemandem einen Besuch abstatten und andererseits für diesen oder diese „Jemand" ein Geschenk kaufen. Die optimale Reihenfolge ist dann sofort klar: erst kaufen, dann besuchen. Die Handlungen sind nämlich nicht unabhängig voneinander – man sagt, dass zwischen ihnen eine *Kopplung* besteht: Für die Erfüllung des Zwecks der gesamten Handlungskette ist es besser, die eine Handlung *vor* der anderen auszuführen.

Soviel zu den trivialen Fällen. Wenn es aber 1000 Handlungen sind, die durch 500 Kopplungen verknüpft sind, wird es schnell unübersichtlich. Wir stoßen dann auf eine nichttriviale Bewertungslandschaft mit lokalen Minima, wie wir sie von anderen komplexen Systemen kennen und müssen wieder eine der beschriebenen Metaheuristiken bemühen.

Zur Veranschaulichung sei ein Ablauf mit 5 Handlungen diskutiert, zwischen denen vielfältige Kopplungen bestehen. So soll Handlung 1 vor den Handlungen 2, 3 und 5 ausgeführt werden, 3

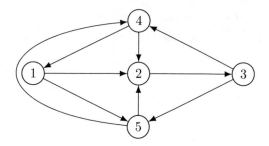

Abb. 6.9 Kopplungen zwischen den Elementen einer Ablaufplanung: 5 Handlungen sollen in der durch die Pfeilrichtungen angegebenen Reihenfolge ausgeführt werden

vor 4 und 5 usw. – die Gesamtheit der Anforderungen ist in Abb. 6.9 dargestellt.

Man erkennt leicht, dass es so viele Anforderungen gibt, dass sie gar nicht alle zu erfüllen sind – Sie kennen das vielleicht auch von der Arbeit oder von zu Hause. Ziel der Optimierung ist es dann, wenigstens die Anzahl der nicht erfüllten Anforderungen zu minimieren. Wir starten dazu von einer zufälligen Abfolge unserer 5 Handlungen und bewerten diese, indem wir für jede Verletzung einer Anforderung einen „Minuspunkt" vergeben. Nach und nach verändern wir die Reihenfolge der Handlungen – als einfachster Schritt stellt sich dabei der Austausch *zweier* Handlungen dar, er definiert also die fundamentale Nachbarschaft einer Konfiguration im Sinne von Abschn. 3.2.

Schritt für Schritt wandern wir nun durch den Konfigurationsraum. Dabei akzeptieren wir nur solche Schritte, die zu einer Verbesserung der Bewertung führen oder diese zumindest konstant halten – dass Letztere den Gang der Optimierung erleichtern, hatten wir ja bereits beim N-Damen-Problem gesehen. Eine mögliche Wanderung ist in Tab. 6.2 angegeben. Sie führt auf eine Bewertung von „2" und man kann sich leicht überzeugen, dass es im Gewirr der Anforderungen von Abb. 6.9 einfach nicht besser geht.

Im angeführten Beispiel gibt es – wieder analog zum N-Damen-Problem – mehrere Konfigurationen, die diese optimale Bewertung haben. Sie können sich aber leicht überzeugen, dass es auch schlechtere lokale Minima gibt: Nehmen Sie z. B. die Kon-

Tab. 6.2 Ablauf der Optimierung einer Handlungsabfolge, s. Abb. 6.9

Zeit	Konfiguration	Bewertung (= Anzahl der verletzten Anforderungen)
1	1-2-4-3-5	5
2	1-4-2-3-5	4
3	3-4-2-1-5	4
8	3-4-5-1-2	3
10	3-4-1-5-2	2

figuration 4-1-2-3-5. Sie hat eine Bewertung von 3, und wie immer Sie auch 2 Handlungen miteinander tauschen, Sie gelangen nicht in eines der globalen Minima.

Vermutlich ist es Rumpelstilzchen ähnlich ergangen. Es hat einfach nicht zur optimalen Reihenfolge seiner drei Handlungen gefunden – welch Glück für die Prinzessin und ihr Kind!

Literatur

1. Kasper H, http://www.gutzitiert.de/zitat_autor_hans_kasper_708.html?page=1. Zugegriffen: 01. Oktober 2021
2. https://www.tennet.eu/de/unser-netz/onshore-projekte-deutschland/suedlink/. Zugegriffen: 01. Oktober 2021
3. Grimm J, Grimm W (2009) Die Kinder- und Hausmärchen der Brüder Grimm. Beltz Der KinderbuchVerlag, Weinheim

Pack es: das optimale Füllen

7

Zusammenfassung

Packungsprobleme bilden den Inhalt dieses Kapitels. Neben dem Rucksack-Problem wird dabei auf unterschiedliche zweidimensionale Füllungen eingegangen. Dazu gehört das Füllen eines Rechtecks mit anderen, das überlappungsfreie Anordnen von Kreisen in einem Quadrat, von Quadraten in Dreiecken und von Kreisen in Kreisen. Anhand der diskutierten Beispiele wird die Verbindung von optimalen Packungen und den Eigenschaften komplexer Systeme aufgezeigt.

7.1 Schnür dein Ränzel: das Rucksack-Problem und andere Ressourcenfragen

Von den Reihenfolgeproblemen des vorigen Abschnitts ist es ein kleiner Schritt zu den Packungsangelegenheiten, auf die wir jetzt zu sprechen kommen: Wo jene nach optimalen Anordnungen in der Zeit gesucht haben, tun es diese im Raum.

Freilich hat uns die Natur wesentlich großzügiger mit Raum ausgestattet als mit Zeit. Genauer gesagt: mit einem Raum, dessen *Dimension* um einiges größer ist als die der Zeit. Es müssen ja

© Springer-Verlag GmbH Deutschland, ein Teil von Springer
Nature 2022
F.-M. Dittes, *Optimierung*, Technik im Fokus,
https://doi.org/10.1007/978-3-662-64906-0_7

nicht gleich die in Abschn. 3.3 erwähnten 11 Dimensionen sein.
Schon in 3 Dimensionen gilt: Dort, wo wir in der Zeit Objekte –
man spricht dann eher von Ereignissen – nur vor- oder nacheinander
anordnen konnten, gibt es im Raum ein Vorn und ein Hinten, ein
Links und ein Rechts und – leider – auch ein Drunter und Drüber.
Daraus erwächst eine Reihe von Optimierungsaufgaben, auf die
wir im Folgenden eingehen wollen.

Das erste Problem besteht darin, möglichst viele vorgegebene
Gegenstände in ein Gefäß zu packen – es ist in der Mathematik als
Rucksack-Problem bekannt und stellt eine typische Aufgabe der
diskreten Optimierung dar. Die Gegenstände haben dabei eine
Größe und einen *Wert* und „möglichst viel" bedeutet, den summa-
ren Wert der eingepackten Gegenstände zu maximieren.

Betrachten wir ein Beispiel, s. Tab. 7.1: Gegeben seien 7
Gegenstände, deren Wert und Gewicht in Zeile 2 bzw. 3 angegeben sind. Zur Verfügung steht ein Rucksack, der 10 kg fasst.

Analog zum Handelsreisenden ist kein Algorithmus bekannt,
der für große Probleme – gemessen an der Zahl der Gegenstände
und des Fassungsvermögens des Rucksacks – ein schnelles Auffinden des Optimums erlaubt. Es sind also wieder heuristische
oder gar meta-heuristische Verfahren gefragt. Probieren wir zunächst zwei naheliegende Ideen aus:

1. Wenn es auf eine Maximierung des eingepackten *Werts* an-
   kommt, dann nehmen wir doch den wertvollsten Gegenstand
   zuerst, dann von allen anderen, die noch reinpassen, wieder
   den wertvollsten usw. usf. Im konkreten Beispiel würde also
   zuerst Gegenstand Nr. 5 genommen werden. Dann bleibt bis
   zur Gewichtsschranke von 10 kg leider nur noch 1 kg frei. Es
   passen also nur Nr. 1 oder Nr. 6 rein – da nehmen wir natürlich
   den wesentlich wertvolleren Gegenstand Nr. 1. Damit ist der

Tab. 7.1 Gegenstände im Beispiel des Rucksack-Problems

Gegenstand Nr.	1	2	3	4	5	6	7
Wert	7	6	8	8	9	1	4
Gewicht in kg	1	3	4	5	9	1	5
Wert pro kg	7	2	2	1,6	1	1	0,8

Rucksack voll – wir haben glücklich einen Wert von $9 + 7 = 16$ verstauen können.

2. Da einerseits der Wert und andererseits das Gewicht eine Rolle spielen, nehmen wir doch die Gegenstände, die das beste Wert-Gewicht-Verhältnis haben, mit anderen Worten, den besten Wert pro kg. In der 4. Zeile von Tab. 7.1 sind die entsprechenden Quotienten angegeben, ich habe die Gegenstände sogar danach sortiert – so viel Vertrauen hatte ich in diese Methode! Wir nehmen also Gegenstand 1 zuerst, dann 2 und 3. Jetzt haben wir noch 2 kg „Platz", da passt nur noch die Nr. 6 rein. Insgesamt sind im Rucksack damit Gegenstände im Wert von $7 + 6 + 8 + 1 = 22$.

Methode 2 liefert zwar ein wesentlich besseres Resultat als Verfahren 1, aber haben wir damit das Optimum gefunden? Leider nein. Wieder haben problemspezifische Heuristiken nur *gute* Lösungen gefunden, aber nicht die beste!

Greifen wir also wieder zu Meta-Heuristiken – bei 7 Gegenständen ist es egal, zu welcher. Selbst die vollständige Enumeration wäre da noch eine gute Wahl, die schnell auf die optimale Befüllung des Rucksacks führt: Nimm die Gegenstände Nr. 1, Nr. 3 und Nr. 4, und du kannst einen Wert von $7 + 8 + 8 = 23$ nach Hause bringen!

Hätten wir ein Monte-Carlo-Verfahren bevorzugt – und bei einer größeren Anzahl von Gegenständen wäre das wieder unvermeidlich gewesen, so hätten wir uns noch Gedanken über die *Schritte* des Optimierungsverfahrens machen müssen. Als einfachste Möglichkeit erweist sich hierbei der *Tausch*, d. h. das Herausnehmen eines Gegenstands, gefolgt vom Einfügen eines – oder auch mehrerer – anderer. Allerdings können derartige Schritte bereits bei einer kleinen Anzahl von Gegenständen in ein lokales Minimum führen. Sobald sich nämlich die Gegenstände Nr. 1, 2, 3 und 6 im Rucksack befinden – der Gesamtwert beträgt dann 22 – ist ein Erreichen des globalen Optimums durch den beschriebenen Tausch nicht mehr möglich. Erst wenn wir zwei oder mehr Gegenstände entnehmen, z. B. die Nr. 2 und die Nr. 6, können wir diesem lokalen Minimum entkommen.

Das Beschriebene soll illustrieren, dass auch das Rucksack-
problem alle Züge eines komplexen Optimierungsproblems aufweist. Für diese Illustration genügten hier 7 Gegenstände, die Anzahl möglicher Konfigurationen ist dabei noch sehr überschaubar.
Mit wachsender Zahl der Objekte und wachsender Größe des
Rucksacks steigt sie jedoch ähnlich schnell an wie die der möglichen Damen-Aufstellungen oder der denkbaren Rundreisen,
vgl. Tab. 2.1 und 6.1. Zum Finden des Optimums ist die Be-
nutzung einer der Meta-Heuristiken von Kap. 5 daher unumgäng-
lich.

Noch verzwickter wird die Situation, wenn es nicht nur *einen*
Rucksack gibt, sondern *mehrere*, die wir optimal füllen sollen,
deren *Gesamtwert* also zu maximieren ist. Selbst wenn der Wert
der Gegenstände keine Rolle spielt und nur die Aufgabe steht, sie
in möglichst wenige Behälter zu packen (das „Bin packing"- oder
„Behälter"-Problem) stoßen wir auf die typischen Eigenheiten der
Optimierung komplexer Systeme. Alle diese Fragen sind nicht-tri-
vial und erfordern den Einsatz einer der beschriebenen Meta-Heuristiken.

7.2   Längs oder quer: von Bildern und Koffern

Jeder kennt das Problem, Gegenstände zu packen oder zu stapeln.
Denken Sie an das Anordnen von Bildern in einem Fotoalbum,
das Packen eines Koffers oder das Beladen eines Kofferraums –
wobei da noch die dritte Dimension ins Spiel kommt, was die
Angelegenheit nicht einfacher macht.

Die Bedeutung derartiger Probleme reicht weit über unseren
Alltag hinaus. Im Transportwesen hilft ein optimales Packen
Wege einzusparen und damit Ressourcen zu schonen. Und das
optimale Anordnen von Terminen hilft schneller mit allen Aufgaben fertig zu werden. Oder denken Sie an das umgekehrte Problem, das Ausschneiden: Wie können wir aus einem Stück Material – sei es Stoff, Metall oder sonst etwas – so viele Einzelteile
wie möglich gewinnen?

Um die dabei angewandten Optimierungsstrategien zu illustrieren, wollen wir zunächst eine nur scheinbar einfache Aufgabe

betrachten: das Einordnen kleiner Rechtecke, z. B. der oben genannten Bilder, in einen großen rechteckigen Rahmen, z. B. eine Seite des Fotoalbums. Um es noch einfacher zu machen, nehmen wir sogar an, dass alle Rechtecke gleich groß sind und dass jedes nur entweder waagerecht oder senkrecht angeordnet werden kann – schief liegende Bilder sehen sowieso unordentlich aus.

Die Aufgabe ist einfach, wenn sowohl die Höhe als auch die Breite des Rahmen-Rechtecks ein Vielfaches der entsprechenden Maße der kleinen Bilder sind. Man kann dann alle Bilder gleichartig anordnen und der Rahmen ist gefüllt. Was aber, wenn die zwei Rechtecke einfach nicht ineinander passen wollen. Wenn man z. B. Bilder der Größe 12x5 in einen Rahmen mit dem Maßen 57x44 packen will? Auch das klingt gar nicht so kompliziert. Schließlich ist $57 = 9 \cdot 5 + 1 \cdot 12$, man kann also die gesamte Breite füllen, indem man das kleine Rechteck einmal waagerecht legt und daneben 9-mal senkrecht aufstellt. Und 44 ist $4 \cdot 5 + 2 \cdot 12$. Also müsste man das kleine Bild 4-mal stellen und 2-mal legen.

Aber nun versuchen Sie bitte, diese beiden Anordnungen *gleichzeitig* herzustellen! So sehr Sie sich auch mühen, es geht nicht und es kann nicht gehen, denn die Fläche des großen Rechtecks, $57 \cdot 44 = 2508$ ist kein Vielfaches von $12 \cdot 5 = 60$. Es passt also keine ganze Anzahl von Bildern in den Rahmen, und wenn wir kein Bild in seine Einzelteile zerlegen wollen, bleibt – egal, was wir machen – immer etwas „Luft". Das Beste, was wir tun können, ist, diesen ungenutzten Raum so klein wie möglich zu halten, d. h. so viele 60-er Rechtecke wie möglich in den Rahmen zu packen.

Diese Aufgabe stellt nun allerdings ein Optimierungsproblem dar, und zwar ein schweres. Erfahrene Koffer-Packer oder Bilder-Einkleberinnen könnten es vielleicht besser, aber im Sinne der Monte-Carlo-Verfahren müssen wir eine zufällige Anfangskonfiguration wählen und diese dann schrittweise verbessern. Zulässig sind dabei alle Anordnungen der Bilder, bei denen kein Bild aus dem Rahmen herausragt und sich auch keine zwei Bilder überlappen. Am besten, wir beginnen den Aufbau der Anfangskonfiguration in der linken unteren Ecke mit dem Einlegen eines Rechtecks, die Orientierung wählen wir zufällig. Als nächstes nehmen wir uns den dieser Ecke am nächsten liegenden freien

Punkt vor, platzieren dort das nächste Rechteck – ob waagerecht oder senkrecht wird wieder zufällig bestimmt, und sobald wir auf diese Weise nichts mehr in das große Rechteck hineinbekommen, wird gezählt, wie viele Bilder im Rahmen Platz gefunden haben.

Konfigurationsänderungen erhalten wir, indem wir die Orientierung eines zufällig ausgewählten Bildes ändern, es also um 90° drehen. Doch gilt es dabei vorsichtig zu sein: um ein Überlappen zu vermeiden, zieht eine solche Drehung in den meisten Fällen eine Verschiebung anderer Bilder nach sich. Wir müssen also alles wieder „zurechtrücken", bevor wir die neue Konfiguration bewerten können.

Schließlich ist – wie für alle komplexen Probleme – die Auswahl einer geeigneten Meta-Heuristik erforderlich. Sie werden mir verzeihen, wenn ich mich wieder für die demokratische Optimierung entscheide – sie liegt mir nun mal besonders am Herzen und ist für das hier diskutierte Problem zudem besonders geeignet. Wir können uns nämlich den großen zu füllenden Rahmen in mehrere kleine zerlegt denken. Das „Interesse" jedes dieser virtuellen Rahmen besteht dann ebenfalls darin, möglichst wenig ungenutzten Raum zu enthalten. Jede Konfigurationsänderung, die einem kleinen Rahmen – oder einer Gruppe von ihnen – nützt, die also einen Teil des großen Rahmens dichter befüllt, trägt damit tendenziell auch zu einer besseren Lösung des Gesamtproblems bei.

Die optimale Füllung, die man letztendlich erhält, ist in Abb. 7.1 gezeigt: 41 kleine Rechtecke haben ihren Platz gefunden, die freie Fläche beträgt nur 48 Einheiten – ein weiteres 12x5-Bild würde nicht mehr hineinpassen. Aber hätten Sie die konkrete Anordnung der Bilder ohne Hilfe eines Optimierungsalgorithmus erraten? Die Anordnung in Viererblöcken erscheint ja noch irgendwie natürlich, aber der 5-er in der Mitte …

Um auf das Kofferpacken zurückzukommen: Wer Packungen analog der eben beschriebenen zustande bringt, ohne lange nachzudenken, verdient meine höchste Bewunderung. Ich kann es jedenfalls nicht und nicht von ungefähr sagt meine Frau vor jeder Urlaubsreise: „Leg erst mal alles raus, ich pack es dann ein" (meist gefolgt von einem Gemurmel, in dem ich in etwa zu verstehen glaube „… Tetris spielen können sie, aber ein Hemd ordentlich in den Koffer legen …").

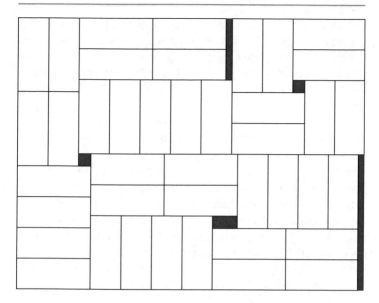

Abb. 7.1 Optimale Füllung eines 57x44-Rechtecks mit 12x5-Rechtecken

7.3 Eine Frage der Form: Quadrate, Dreiecke und Kreise

7.3.1 Wie das Plätzchenbacken: die Quadratur der Kreise

Die Quadratur des Kreises ist eines der ältesten Probleme der Mathematik. Sie besteht in der einfach klingenden Aufforderung: Konstruiere ein Quadrat, das dieselbe Fläche hat wie ein gegebener Kreis! Natürlich nicht irgendwie, sondern mit den elementaren Mitteln des Mathematikers: Zirkel und Lineal. Das Problem widersetzte sich so sehr allen Bemühungen und wurde dadurch so berühmt, dass die Quadratur des Kreises als Synonym für das Unmögliche in den allgemeinen Wortschatz einging. Erst im Jahre 1882 gelang dem Freiburger Mathematiker Ferdinand Lindemann der *Beweis* der Unmöglichkeit.

Eine andere Frage nach dem Zusammenspiel von Kreisen und Quadrat ist aber lösbar und von unmittelbarem praktischen Interesse: Wie muss man vorgehen, um *mehrere* Kreise in einem Quadrat unterzubringen – und zwar so, dass die belegte Fläche möglichst groß ist. Dabei sollen alle Kreise dieselbe Größe haben und sich nicht überlappen.

Die praktische Bedeutung ist evident: Wer hat nicht schon versucht, möglichst viele Wurstscheiben auf seine Schnitte zu legen! Sie sollten sich natürlich berühren, aber weder eine zu starke Überlappung der einzelnen Scheiben noch gar ein Herunterhängen an der Seite gelten als schicklich. In einem etwas ernsthaften Kontext steht dieses Problem für die optimale Ausnutzung einer flächenhaften Ressource: eines Gefäßes, in das möglichst viel hineingepackt werden soll; eines Stückes Stoffes oder eines Bleches, aus dem möglichst viele runde Teile gefertigt werden sollen. Was mich dann doch zurück zum Essen bringt: Das Ausstanzen von Weihnachtsplätzchen aus einer Lage Teig ist genau ein Problem dieser Art!

Beginnen wir mit der Betrachtung *eines* Kreises. Die optimale Lösung ist klar: Der Kreis muss mittig platziert werden und so groß sein, dass er gerade alle vier Seiten des Quadrats berührt, s. Abb. 7.2.

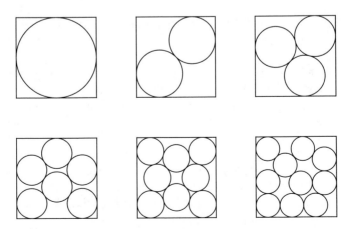

Abb. 7.2 Optimale Einbettung von Kreisen in ein Quadrat

Auch zwei Kreise machen kein Problem: Legt man beide entlang einer der Diagonalen, so dass sie jeweils zwei Seiten des Quadrats und den anderen Kreis berühren, erhält man mit Sicherheit die größtmögliche Bedeckung des Quadrats.

Auch bei drei Kreisen ist noch leicht zu erraten, was zu tun ist: Sicher wird es nicht günstig sein, die Kreise alle in einer Reihe anzuordnen, sie z. B. auf die untere Kante des Quadrats zu legen. Der Durchmesser könnte dann gerade mal ein Drittel der Seitenlänge ausmachen und nach oben wäre noch sehr viel Luft. Besser ist es, wenn die Mittelpunkte der Kreise ein Dreieck bilden, wobei es sich als optimal erweist, die Anordnung entlang einer der Diagonalen des Quadrats vorzunehmen.

Auch 4 und 5 Kreise sind einfach anzuordnen. Betrachten Sie einfach einen gewöhnlichen Würfel, wie er zum Spielen benutzt wird, und Sie erkennen die Lösung: Um 4 Kreise anzuordnen, legen Sie jeden davon in eine Ecke des Quadrats – natürlich so, dass sich die Kreise berühren. Und für die Lösung des 5-Kreise-Problems lassen Sie die ersten 4 Kreise in den Ecken, machen sie aber etwas kleiner, so dass Platz für einen fünften Kreis in der Mitte des Quadrats geschaffen wird.

Ich kann mir allerdings vorstellen, dass Sie nun langsam ungeduldig werden und sich bzw. mich fragen: Was hat das Ganze denn mit Optimierung zu tun? Betrachten wir dazu den Fall mit 6 Kreisen, s. wieder Abb. 7.2. Zum 5-er-„Kreuz" kommt in der optimalen Anordnung mittig am oberen Rand noch ein sechster Kreis hinzu. Er hängt aber „so komisch in der Luft", berührt also nur zwei seiner 3 Nachbarn. Und auch zwischen den Kreisen an der linken und der rechten Kante des Quadrats ist Platz frei. Natürlich greift hier die Festlegung, dass alle Kreise gleich groß sein sollen: sie verhindert, dass man Zwischenräume mit kleineren Kreisen füllen kann. Was aber ist die optimale Größe, und wie bestimmt man sie?

Wir haben es offenbar doch mit einem Optimierungsproblem zu tun, und zwar mit einem der kontinuierlichen Optimierung: sowohl die Lage der Kreise als auch ihr Radius sind stetig veränderbar. Dabei bestehen mehrere Nebenbedingungen: Die Kreise dürfen sich weder gegenseitig überschneiden noch dürfen sie über das Quadrat hinausragen. Ein beliebter Optimierungsalgorithmus startet von kleinen Kreisen, die zufällig im Quadrat verteilt sind,

und vergrößert diese – unter ständiger Suche nach der optimalen
Lage – solange, bis die Nebenbedingungen verletzt werden, d. h.
bis die Kreise beginnen, sich zu überlappen. Auch hier bekommen
wir es mit wachsender Anzahl an Kreisen schnell mit einem
immer komplizierter werdenden Problem zu tun.

Gut zu erkennen ist zudem die Ausbildung lokaler Optima. Betrachten wir als Beispiel nochmals den Fall der 6 Kreise. In
Abb. 7.3 sind drei verschiedene Möglichkeiten der Anordnung
dargestellt: zunächst in Form eines Sechsecks, dann als lineare
Anordnung der drei unteren Kreise und schließlich nochmals in
der optimalen, an einen sitzenden Panda-Bären erinnernden Form.
Die Radien der Kreise betragen dabei im Falle des Sechsecks
17,71 % der Kantenlänge des Quadrats, für die beiden anderen
Konfigurationen sind es 16,67 % bzw. 18,77 %. Man erkennt mit
bloßem Auge, dass das Sechseck ein lokales Optimum darstellt:
Einerseits ist eine Vergrößerung des Radius in dieser Anordnung
nicht möglich, andererseits ist eine Verschiebung des mittleren
unteren Kreises nach oben nur durch eine temporäre Verringerung
seines Radius möglich – die Konfiguration mit der linearen Anordnung der 3 unteren Kreise trennt die beiden Optima voneinander.

Auch ein neues Phänomen begegnet uns bei unserem „Plätzchenbacken" – die *Symmetriebrechung*: Während das Quadrat
symmetrisch bezüglich einer Spiegelung an 4 verschiedenen Achsen ist (einer horizontalen durch seine Mitte, einer analogen vertikalen sowie der beiden Diagonalen), weisen die meisten optimalen Konfigurationen eine geringere Symmetrie auf. Im Falle von 2
und 3 Kreisen ist das die Spiegelung an einer Diagonale, bei sechs
Kreisen an der senkrechten Mittelachse. Mit wachsender Zahl
von Kreisen treten sogar immer mehr Optima auf, die *keinerlei*

Abb. 7.3 Verschiedene Möglichkeiten der Anordnung von 6 Kreisen

Symmetrie aufweisen – die in Abb. 7.2 gezeigte Füllung mit 10 Kreisen kann als Beispiel dienen. Das Brechen von Symmetrien ist uns übrigens auch aus dem Alltag vertraut: Im Gegensatz zur Kugelalge unterscheiden sich bei den meisten höheren Lebewesen Vorder- und Hinterseite sowie Oben und Unten. Und wenn Sie sich genau im Spiegel anschauen, werden Sie feststellen, dass auch Links und Rechts nicht völlig identisch sind. Sie müssen sich deswegen nicht grämen, wissen Sie doch jetzt, dass Symmetriebrechung ein Mittel ist, das System in den optimalen Zustand zu bringen!

7.3.2 Das allgegenwärtige Potenzgesetz: Optimalität und Komplexität

Zum Abschluss dieses Kapitels wollen wir noch zwei Probleme diskutieren, die die Optimierung mit anderen Facetten unserer Welt verknüpfen: der Komplexität und der Schönheit. Im Gegensatz zu den bisherigen Beispielen sind dazu keine Monte-Carlo-Methoden erforderlich. Lediglich der gesunde Menschenverstand – und ein klein bisschen Mathematik, mit der ich Sie aber in diesem Buch verschonen will.

Stellen Sie sich vor, Sie hätten eine dreieckige Fläche. Das Dreieck sei zunächst der Einfachheit halber ein rechtwinkliges, und noch einfacher, ein rechtwinkliges mit zwei gleichen Katheten, genauso wie ein Schuldreieck. Dieses Dreieck soll nun mit Gepäck gefüllt werden, aber als Gepäck stehen nur quadratische Gegenstände zur Verfügung! Was müssen wir tun, um unser Dreieck möglichst vollständig zu füllen und dafür möglichst wenige Quadrate zu benutzen?

Klar ist: Mit *einem* Quadrat geht es nicht. Wie auch immer Sie das Quadrat in Größe und Lage wählen, es wird immer entweder zu klein oder zu groß sein. Mal bleiben die Spitzen des Dreiecks unausgefüllt, mal ragt das Quadrat über das Dreieck hinaus – Quadrate und Dreiecke passen, frei nach [1], einfach nicht zusammen!

Versuchen wir es also mit *mehreren* Quadraten – Abb. 7.4 zeigt zwei Beispiele. In der Tat wird der nicht ausgefüllte Flächenanteil

Abb. 7.4 Füllen eines Dreiecks mit gleichgroßen Quadraten

Tab. 7.2 Quadrate gleicher Größe im rechtwinkligen Dreieck

Anzahl der Quadrate	Seitenlänge	freie Fläche
1	1/2	$2 \cdot (1/2)^2/2 = 1/4$
1+2+3 = 6	1/4	$4 \cdot (1/4)^2/2 = 1/8$
1+2+ … +7 = 28	1/8	$8 \cdot (1/8)^2/2 = 1/16$
…	…	…
$(1-s)/(2 \cdot s^2)$	s	s/2

des Dreiecks kleiner und kleiner, je kleiner wir die Quadrate wählen – allerdings um einen hohen Preis: Die *Anzahl* der Quadrate, die wir zum Füllen benötigen, steigt dramatisch mit der angestrebten Qualität, d. h. der erreichten Vollständigkeit der Füllung, s. Tab. 7.2 für ein rechtwinkliges Dreieck mit der Kathetenlänge 1. In der letzten Zeile ist der entsprechend verallgemeinerte Ausdruck für eine beliebige Seitenlänge angegeben um zu zeigen, dass mit kleiner werdender Seitenlänge der Quadrate deren Anzahl *quadratisch* ansteigt.

Was kommt einem als Nächstes in den Sinn? Man könnte zuerst möglichst viel Fläche mit einem recht großen Quadrat ausfüllen, und dann die verbliebenen Reste behandeln. Im konkreten Fall sind das wieder rechtwinklige Dreiecke, bloß kleinere, und unter Anwendung der gleichen Vorgehensweise stecken wir nun in jedes dieser Dreiecke ein Quadrat – so groß, dass es gerade noch hinein passt; Abb. 7.5 zeigt die ersten Schritte dieser Vorgehensweise.

Die intuitive Idee, zuerst das Größte einzupacken und dann zu sehen, wie man den restlichen Platz füllt, erweist sich zwar nicht immer als hilfreich, wenn man nach dem Optimum sucht – erinnert sei nur an das Rucksack-Problem. Im konkreten Fall führt

Abb. 7.5 Füllen eines gleichschenkligen Dreiecks mit unterschiedlich großen Quadraten

Tab. 7.3 Quadrate unterschiedlicher Größe im rechtwinkligen Dreieck

Anzahl der Quadrate	Kleinste Seitenlänge	freie Fläche
1	1/2	$2 \cdot (1/2)^2/2 = 1/4$
1+2 = 3	1/4	$4 \cdot (1/4)^2/2 = 1/8$
1+2+4 = 7	1/8	$8 \cdot (1/8)^2/2 = 1/16$
...	...	...
$(1-s)/s$	s	$s/2$

sie aber zur optimalen Lösung: Die Anzahl der benötigten Quadrate steigt nämlich nur noch *linear* mit dem gewünschten Füllungsgrad, s. Tab. 7.3 – ein langsameres Wachstum ist nicht denkbar.

Dieses Verfahren kann man auch auf ein *beliebiges* rechtwinkliges Dreieck ausdehnen, s. Abb. 7.6.

Um mit möglichst wenigen Quadraten einen bestimmten Füllungsgrad zu erreichen, erweist sich also die Bildung von *Strukturen auf allen Längenskalen* als hilfreich – ein Phänomen, das uns auch schon an anderer Stelle begegnet ist [2]. Optimale Füllungen haben also offenbar etwas mit Komplexität zu tun, und wo Komplexität im Spiel ist, da kann doch auch ihr wichtigstes Kennzeichen, das Potenzgesetz, nicht weit sein!

Konkret sollte die Anzahl der Quadrate *potenzartig* von der Seitenlänge der kleinsten verwendeten Quadrate abhängen. Abb. 7.7 zeigt das entsprechende Verhalten für verschiedene Dreiecke. Mit h habe ich dabei die relative Höhe bezeichnet, d. h. das Längenverhältnis der kürzeren Kathete zur längeren. Es variiert von 1 über 2/3, 1/2, 1/4 bis 1/10 (Kurven von oben nach unten; die

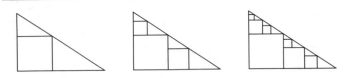

Abb. 7.6   Füllen eines nichtgleichschenkligen Dreiecks

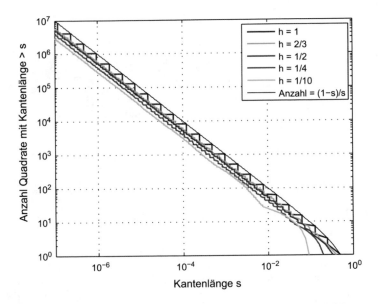

Abb. 7.7   Größenverteilung der Quadrate in verschiedenen rechtwinkligen Dreiecken. Der Parameter h gibt die Höhe des Dreiecks im Verhältnis zur längeren Kathete an

für $h = 1$, d. h. für das gleichseitige Dreieck, sichtbare Stufen-struktur resultiert aus der Tatsache, dass auf jeder Stufe der Hie-rarchie alle „Tochterquadrate" gleich groß sind). Die Anzahl der Quadrate erweist sich in der Tat über viele Größenordnungen als umgekehrt proportional zur Seitenlänge – ein perfektes Potenz-gesetz!

Interessant ist, dass dieses Verhalten für beliebige Dreiecke gilt – sie sind in diesem Sinne alle gleich. Und damit sind sie auch

alle gleich schwer zu packen. Bloß gut, dass die meisten Koffer-
räume nicht dreieckig sind – man würde mit dem Packen nie
fertig!

7.3.3 Wie berührend: Apollonische Packungen

Nicht nur Kreise in Quadraten oder Quadrate in Dreiecken werden gern untersucht – eine Fülle anderer Konstellationen ist z. B.
in [3] zusammengestellt. Um den Kreis, bzw. das Quadrat, zu
schließen, sei abschließend noch ein Packungsproblem betrachtet,
das den Bogen von der Füllungsproblematik über die Schönheit
bis wieder zur Komplexität schlägt.

Es handelt sich um das Füllen *eines* Kreises mit kleineren
Kreisen. Das Problem geht auf den griechischen Mathematiker
Apollonius von Perge (ca. 262 v. u. Z. bis ca. 190 v. u. Z.) zurück.
Er untersuchte, wie man die Fläche ausfüllen kann, die als ge-
schwungenes Dreieck entsteht, sobald sich 3 Kreise gegenseitig
berühren – Abb. 7.2 liefert bereits eine Reihe von Beispielen.
Wieder ist anschaulich klar, dass ein Füllen mit *einem* neuen
Kreis unmöglich ist. Analog zur Vorgehensweise in Abschn. 7.3.2
können wir jedoch zunächst einen Kreis einzeichnen, der den
Löwenanteil der Fläche ausfüllt – und dann sehen wir weiter.

Radius und Lage dieses neuen Kreises kann man *berechnen*,
die entsprechenden Formeln stammen vom französischen Philosophen und Mathematiker René Descartes (1596–1650). Da der
neu eingezeichnete Kreis seinerseits die bisherigen Kreise berührt, bildet er mit diesen drei noch kleinere Freiräume, die nach
demselben Verfahren gefüllt werden usw. usf. Wieder ergibt sich
ein unendlicher Prozess, in dessen Verlauf immer kleiner werdende Freiräume mit immer kleineren Kreisen gefüllt werden.
Das entstehende Gebilde hat daher eine *fraktale Struktur*, s.
Abb. 7.8. Ob diese Abbildung schön ist, überlasse ich Ihrem Geschmack – komplex ist sie auf alle Fälle.

Die Größenverteilung der Kreise unterliegt natürlich wieder
einem Potenzgesetz, wie es sich für ein komplexes System gehört,
der entsprechende Exponent beträgt 1,30568 … [4].

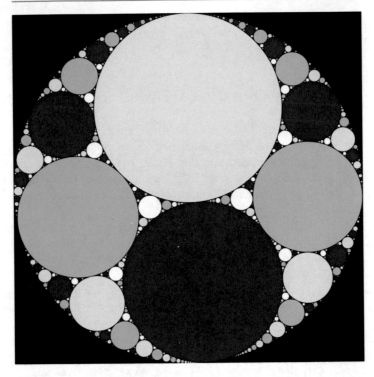

Abb. 7.8 Apollonische Füllung eines Kreises mit immer kleiner werdenden Kreisen. (Autor: ClaudiusMaximus, https://commons.wikimedia.org/wiki/ File:RandomApollonianCircleFractal.svg)

Literatur

1. Loriot (2006) Männer & Frauen passen einfach nicht zusammen. Diogenes, Zürich
2. Dittes F-M (2021) Komplexität – Warum die Bahn nie pünktlich ist. Springer-Verlag, Berlin Heidelberg
3. Erichs Packing Center, https://erich-friedman.github.io/packing/index.html. Zugegriffen: 01. Juli 2021
4. Mandelbrot BB (2014) Die fraktale Geometrie der Natur. Springer, Basel

Man kann's nicht allen recht machen: die Optimierung frustrierter Systeme

8

Zusammenfassung

Der Begriff der Frustration führt durch dieses Kapitel. Ausgehend von dessen Gebrauch in der Alltagssprache wird die
Übertragung auf Systeme, deren Elemente nur zwei verschiedene Zustände annehmen, diskutiert. Neben Dreiecks-
beziehungen werden anschließend Spingläser sowie schwach
gekoppelte Binärfolgen untersucht.

8.1 Enttäusch mich nicht: der Frustrationsbegriff

Frust, frustriert sein, Frustration – diese Begriffe gehören zu unserem Alltag wie nur wenige andere: Wir sind frustriert, wenn uns
der Bus vor der Nase wegfährt, wir sind frustriert, wenn es Ärger
mit dem Chef gibt, wir sind frustriert, wenn diese oder jene Vorstellung, die wir von einer Sache haben, nicht aufgeht, wenn wir
dieses oder jenes Ziel nicht erreichen können.

Frustration – vom lateinischen „frustra" (vergeblich) – hat
dabei einen negativen Beigeschmack, ist belastet wie kaum ein
anderer Begriff aus der Welt unserer Gedanken und Gefühle. Im
Wortsinne steht er für die *Enttäuschung einer Erwartung* [1].
Die Psychologen bezeichnen mit „Frustration" einen *unlustvoll*

© Springer-Verlag GmbH Deutschland, ein Teil von Springer
Nature 2022
F.-M. Dittes, *Optimierung*, Technik im Fokus,
https://doi.org/10.1007/978-3-662-64906-0_8

erlebten Zustand, wenn die Befriedigung eines Bedürfnisses verhindert wird [2], die Juristen eine *Verletzung der Geschäftsgrundlage* [3]. All diese Interpretationen entsprechen unserem Alltagsgebrauch des Begriffs: Irgendetwas ist oder geht nicht so, wie wir es uns vorgestellt oder gewünscht haben. Unser Wohlbefinden ist dadurch gestört, wir fühlen uns – gelinde gesagt – nicht optimal.

Wenn es im menschlichen Leben so viel Frustration gibt, kann man sie nicht auch in anderen Zusammenhängen antreffen? Kann man den Frustrationsbegriff in die exakten Wissenschaften übertragen, so wie das mit vielen Begriffen unserer Alltagssprache schon geschehen ist: Als *Raum* bezeichnen die Mathematiker nicht bloß einen Teil des Hauses, sondern beliebig ausgedehnte Gebilde in 1, 2, 3, ja sogar unendlich vielen Dimensionen. Ein *Körper* muss für die Physiker nicht unbedingt Arme und Beine haben, ja nicht einmal eine Ausdehnung! Und den *Ring*, von dem die Chemiker sprechen, kann man sich sicher nicht an den Finger stecken. Hat Frustration vielleicht sogar etwas mit Optimierung zu tun?

Die Antwort ist natürlich „ja", sonst gäbe es dieses Kapitel doch gar nicht. Aber über enttäuschte Erwartungen in Optimierungsproblemen zu reden, ist das nicht Unsinn? Oder anders gefragt: *wer* erwartet denn da etwas? Und wenn ja, von wem [4]? Kann man also komplexe Systeme mit Begriffen beschreiben, die ursprünglich aus einem zutiefst mensch-bezogenen Kontext stammen? Nun, wir haben das bereits getan! Nicht nur, dass wir die Suche nach dem Optimum als „Wanderung" über die Bewertungslandschaft bezeichnet hatten und einer der Damen in Abschn. 5.2 gar „Gier" unterstellten – die gesamte *demokratische Optimierung* basierte auf der Vorstellung, Systemkomponenten könnten „Interessen" verfolgen.

Genau genommen ist eine solche Betrachtungsweise nichts Ungewöhnliches. Die „Beseelung" unbelebter Gegenstände ist eine weit verbreitete Gewohnheit, ja fast ein Bedürfnis des Menschen. Das Kleinkind spricht davon, dass „die Wolke weint". Und selbst wenn es eines Tages damit aufhört und zum sachlichen „es regnet" übergeht – dass „die Sonne lacht", hoffen wir doch alle unser ganzes Leben lang. Und wenn der gestandene Ingenieur etwas verdrossen dreinschaut, dann ist es vielleicht, weil sich der Motor „verschluckt" hat oder der Drucker schon wieder „streikt". Die Verwendung menschlicher Begriffe hilft uns offenbar, komplexe Systeme besser zu *verstehen* und passende Beschreibungen für sie abzuleiten – oder sie zumindest mit Begriffen zu erfassen, die uns vertraut sind anstatt irgendwelche neuen zu erfinden.

Schauen wir uns also zunächst einmal um, wo wir in den bisher diskutierten Optimierungsproblemen „enttäuschte Erwartungen" angetroffen haben – und wer da wen enttäuscht hat. In Abschn. 8.2 werden wir dann neue Anwendungsfelder der Frustration kennenlernen.

Beginnen wir mit dem N-Damen-Problem. Da ist es klar: jede Dame erwartet, keine andere zu sehen, und ist enttäuscht, wenn das nicht der Fall ist. Wenn wir das Problem mithilfe eines Monte-Carlo-Verfahrens lösen und als Startpunkt irgendeine zufällige Aufstellung der Damen nehmen, dann wird diese – abgesehen von ganz besonders glücklichen Anfangskonfigurationen – eine hohe Frustration aufweisen, Abb. 2.3a kann als Beispiel dienen. Ziel der Optimierung ist es, diese Frustration abzubauen, ja im Idealfall auf null abzusenken. Im N-Damen-Problem gelingt das bekanntlich vollständig: Das Problem ist gelöst, sobald keine Dame mehr frustriert ist.

Doch halt! Woher kommt denn diese Auffassung, eine Dame würde keine andere sehen wollen? Die haben wir doch durch die *Zielfunktion des Gesamtsystems* erst hineingetragen! Hätten wir nicht nach der *Minimierung* des gegenseitigen Sehens gefragt, sondern nach dessen Maximierung, hätte dies das gegenteilige Interesse, die gegenteilige Erwartung bei jeder einzelnen Dame nach sich gezogen: Sie wäre enttäuscht, wenn nicht so viele Damen wie möglich um sie herum versammelt wären. Wie bereits in Abschn. 5.6 betont, ist es also wichtig, die Einzelinteressen stets aus dem Gesamtinteresse, aus der Zielfunktion, abzuleiten und nicht umgekehrt – das Gesamtziel muss sich als *Summe* der Ziele der Systemkomponenten ergeben! Die optimale Konfiguration im Sinne der Zielfunktion wäre aber *wieder* die mit der minimalen Frustration gewesen.

Als nächstes hatten wir die Standortbestimmung betrachtet. Gesucht war der Punkt, der den kleinsten summaren Abstand zu einer Reihe von Städten aufwies. Welche „Erwartung" wird wohl jede dieser Städte haben? Natürlich, dass dieser Punkt, an dem ja eine Anlage aufgestellt werden soll, die für die Stadt *wichtig* ist, möglichst nahe an *ihr* liegt. Auch hier ist es die Erwartung der Systemkomponenten, die enttäuscht wird: Egal, wohin wir die Anlage stellen (wenn es nicht gerade *mitten* in eine der Städte ist) – jede Stadt könnte sich einen Standort vorstellen, der ihren Erwartungen besser entspräche. Sie wird also von der in Abb. 2.4 bzw. 2.5 gezeigten Wahl des Standorts enttäuscht sein – und zwar umso mehr, je größer die Entfernung zwischen ihr und der Anlage ist. Das in Abschn. 2.2 verfolgte Ziel, den *summaren* Abstand zu minimieren, entspricht also genau dem Anliegen, die *Summe* der Frustration aller Städte zu minimieren – auch wenn selbst im Optimum eine von null verschiedene Frustration erhalten bleibt.

Analog verhält es sich mit dem Handelsreisenden. Das globale Ziel, eine möglichst kurze Rundreise zu organisieren, kann aufgefasst werden als Summe von Zielen, von Erwartungen der besuchten Städte – wenn man unterstellt, dass jede Stadt bestrebt ist, möglichst kurze Verbindungen zu ihrem Vorgänger und zu ihrem Nachfolger in der Tour zu haben. Eine Anordnung, die zur Enttäuschung dieser Erwartung führt, ist in Abb. 6.2 skizziert: In der abgebildeten Konfiguration haben die Städte 1, 2 und 3 wie auch 4, 5 und 6 zwei kleine kompakte Cluster gebildet. Um eine geschlossene Tour zu erreichen, werden 1, 3, 4 und 6 aber wohl auf eine der ihnen lieben kurzen Verbindungen verzichten und sich stattdessen anders orientieren müssen: 3 auf 4 und 1 auf 6 – ich kann ihre Enttäuschung verstehen!

Wie auch bei der zuvor diskutierten Standortbestimmung gibt es beim Problem des Handelsreisenden *keine* Konfiguration, in der die Frustration gleich null wäre. Die Forderung nach Erhalt einer *geschlossenen* Tour führt dazu, dass die Städte „Opfer" bringen müssen und die oben formulierte Erwartung, möglichst kurze Verbindungen zu den Nachbarn zu haben, nicht für alle Städte aufgehen kann. Es hängt von der konkreten Lage einer Stadt und ihrer (geografischen) Nachbarn ab, ob sie zu den Glücklichen gehört, die ohne Frustration durchs Leben kommen – in Abb. 6.6 wäre München so ein Glückspilz, der sich mit seinen nächsten Nachbarn verbinden darf – oder ob sie gezwungen ist, Abstriche an ihren Erwartungen hinzunehmen und damit zur Frustration der Gesamtkonfiguration beizutragen. Für Berlin z. B. führt kein Weg daran vorbei, Rostock und Dresden als Nachbarn anzunehmen, obwohl ihm Magdeburg, Leipzig und auch Halle sichtlich näher liegen.

Auf analoge Weise kann man einer Handlung im Rahmen der Ablaufplanung – s. Abschn. 6.3 – die „Erwartung" zuschreiben, dass alle Kopplungen, in die sie eingebunden ist, befriedigt werden. Auch dort hatten wir gesehen, dass sich das selbst im optimalen Zustand nicht verwirklichen lässt – stets muss die eine oder andere Kopplung frustriert sein, es geht einfach nicht besser.

Eine andere Art von Frustration begegnet uns bei den Packungsproblemen. Sie resultiert aus dem Konflikt zwischen den Fähigkeiten des Einzelnen und den Anforderungen des Gesamtsystems. Natürlich ist es nicht frustrierend, 10 Gepäckstücke *irgendwie* neben- oder übereinander zu legen, aber sie in einem Kofferraum endlicher Größe – und meistens auch noch einer recht komplizierten Form – unterzubringen, schon sehr.

Natürlich können wir Quadrate immer aufeinanderlegen – aber so, dass sie ein Dreieck bilden? Und selbstverständlich passen Kreise immer aneinander – besonders, wenn sie gleich groß sind. Aber wenn als Rahmen ein Quadrat vorgegeben ist, was dann? Bestimmte Konfigurationen werden durch die globale Einschränkung unmöglich gemacht – die Lösung des Problems wird dadurch schwieriger, wenn nicht gar ausweglos.

Auch diese Form der Frustration hat ihr Vorbild im menschlichen Leben: Romeo und Julia litten unter der Perspektivlosigkeit ihrer Liebe [5] wobei nicht ihre individuellen Interessen kollidierten, sondern die Restriktionen, die durch den Zeitgeist und die gesellschaftlichen Verhältnisse auferlegt wurden. Viele griechische Tragödien thematisieren diese Problematik. Und auch Bertolt Brecht ließ nicht ohne Grund singen: „wir wären gut, anstatt so roh, doch die Verhältnisse, die sind nicht so" [6].

Auf die beschriebene Weise kann man in den verschiedensten Optimierungsaufgaben Frustration *erkennen*. Sie hätten des Frustrationsbegriffs zwar nicht bedurft: wir haben die Probleme in Kap. 2 und 6 auch ohne ihn behandeln können. Allerdings zeigt die Diskussion der Frustration eine *Gemeinsamkeit* auf: In allen angesprochenen Problemen ist es die Frustration, die minimiert werden soll, und das, was wir als Bewertungslandschaft bezeichnet haben, ist in Wahrheit die *Frustrationslandschaft* des entsprechenden Systems.

8.2   Eine Dreiecksgeschichte: die Wurzel aller Frustration

In die exakte Wissenschaft ist der Frustrationsbegriff allerdings über ein etwas abstrakteres Problem gelangt: 1977 taucht er in der physikalischen Literatur im Zusammenhang mit *Spingläsern* auf [7]. Das sind Systeme, deren Elemente nur eine einzige Eigenschaft haben, und diese Eigenschaft liegt noch dazu nur in zwei Ausprägungen vor: „+1" und „−1", weiß und schwarz, plus und minus, Nordpol und Südpol, Yin und Yang. Für den Physiker können diese Elemente elektrische Ladungen sein, oder Magnete oder eben *Spins*, die allen Teilchen innewohnenden Drehimpulse, die (im einfachsten Fall) nur die zwei Einstellungen „nach oben" und „nach unten" einnehmen können – wir hatten sie in Abschn. 5.7 als wichtige Bausteine der Quantencomputer kennengelernt. Im Folgenden werde ich der Einfachheit halber stets von Elementen oder Komponenten sprechen.

Soviel zum „Spin". Was das „Gläserne" an diesen Systemen anbelangt – so bitte ich Sie sich bis zum Schluss von Abschn. 8.3 mit Folgendem zu begnügen: Es hat weder mit der Zerbrechlichkeit gewöhnlicher Gläser zu tun, noch mit deren Fähigkeit, Licht hindurch zu lassen. Stattdessen wird eine Eigenschaft aufgegriffen, die mit der *Herstellung* von Fenster- oder Weingläsern zu tun hat: die rasche Abkühlung einer Schmelze und das dadurch hervorgerufene „Einfrieren" von Zuständen.

Durch eine *Vernetzung* der oben beschriebenen Elemente lassen sich beliebig komplizierte Gebilde konstruieren, im Laufe dieses Kapitels lernen wir einige kennen. Solche Netze bildeten auch die Grundlage für die rasche Übertragung des Frustrationsgedankens auf die Untersuchung realer Systeme – Probleme der

Neuroinformatik [8] und der Faltung von Proteinen [9] können als Beispiele dienen.

Dabei kann man schon in einfachsten Systemen „enttäuschte Erwartungen" erkennen: Stellen Sie sich ein System vor, das nur aus zwei Komponenten besteht. Für das Gesamtsystem sei es dabei günstig, wenn das eine Element die *eine* Ausprägung aufweist und das andere die *andere*, nennen wir sie die „entgegengesetzte" – nicht umsonst heißt es ja „Gegensätze ziehen sich an". Und „günstig" heißt, in irgendeinem Sinne *gut* für das System: Die Physiker sprechen in diesem Zusammenhang vom „energetisch günstigsten Zustand", der angestrebt wird, und im Kontext der Optimierung, auf den wir ja hinaus wollen, bedeutet „günstig" einfach „gut" für die Zielfunktion, d. h. deren Wert verringernd.

Bei *zwei* Elementen ist es leicht, den optimalen Zustand zu konstruieren: ein Element bringen wir in den Zustand „+1", das andere in „−1" – fertig. Versuchen wir nun, einem solch optimalen System ein drittes Element hinzuzufügen. In welchen Zustand wir es auch bringen, es wird zu *einem* der schon vorhandenen Elemente passen, zum anderen aber nicht. Im Alltag würde man sagen: Was immer das neu hinzugekommene Element tut, es wird einem der Partnerelemente gefallen, das andere aber wird enttäuscht, ja regelrecht frustriert, sein. Wir haben also schon in unserem kleinen 3-Elemente-System im wahrsten Sinne des Wortes eine frustrierte Beziehung – und das sogar in dessen *optimalem* Zustand! Es bleibt dem Leser und der Leserin überlassen, sich weitere Dreiecksverhältnisse und die damit verbundene Frustration auszumalen …

Aber zurück zu unserem Dreieck: Insgesamt gibt es offenbar 6 verschiedene optimale Konfigurationen. Dabei nimmt jeweils ein Element einen der zwei möglichen Zustände ein und die anderen beiden den anderen. Im linken Teil von Abb. 8.1 ist eines dieser Optima veranschaulicht. Dem „+1" entspricht der weiße Kreis, dem „−1" der schwarze. Daneben illustriert die Abbildung eine Anordnung von *vier* Elementen. Sehen wir zunächst von den gestrichelten Verbindungen ab und betrachten nur die Verbindung jedes Elements mit seinen *nächsten* Nachbarn. Wir erhalten offenbar einen Zustand, der keine Frustration zeigt! Die Ursache dafür

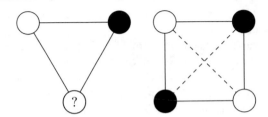

Abb. 8.1 Frustration im System von drei bzw. vier Elementen: Während bei 3 miteinander verbundenen Komponenten mindestens eine Verbindung frustriert ist, kann in einem Vierersystem jedes Element frustrationsfrei mit seinen nächsten Nachbarn verbunden werden. Erst durch die Verbindung von Elementen, die weiter voneinander entfernt sind, entsteht Frustration

liegt in der Geometrie der Anordnung: Während beim Dreieck zwei Nachbarn eines Punktes mit Notwendigkeit auch einander benachbart sind, ist das beim quadratischen Gitter nicht der Fall. Wir können daher abwechselnd „schwarze" und „weiße" Zustände aufbringen, ohne dass es zu frustrierten Verbindungen kommt.

Die Situation wird grundlegend anders, wenn nicht nur Beziehungen zwischen nächsten Nachbarn berücksichtigt werden, sondern auch solche zu entfernteren Gitterpunkten – die gestrichelten Linien in Abb. 8.1 sollen das illustrieren. Frustration ist jetzt unausweichlich – unabhängig von der konkreten Verteilung der schwarzen und weißen Zustände auf die Gitterpunkte.

Von 3 oder 4 Elementen können wir auf eine beliebige andere Zahl von Systemkomponenten zu sprechen kommen. Betrachten wir zunächst, was passiert, wenn das System aus *weniger* als 3 Elementen besteht: Ein einzelnes Element ist immer mit sich im Reinen, da ist ja niemand, der es enttäuschen könnte. Dabei ist natürlich unterstellt, dass es auch wirklich *elementar* ist und nur die beschriebenen Zustände „schwarz" und „weiß" annehmen kann.

Schwieriger wird es bei einem System aus 2 Elementen. Dort kann man sehr wohl einen frustrierten Zustand hervorrufen, z. B. indem man zwei Magnete mit den gleichen Polen zusammenbringt oder in unserer Schwarz-Weiß-Symbolik beiden Elementen dieselbe Farbe zuweist. Aber es ist klar, dass dieser Zustand nicht das Optimum darstellt und durch eine Umkehr eines der beiden Magnete in einen besseren überführt werden kann. Der optimale Zustand eines Systems aus 2 Komponenten ist frustrationsfrei. Sobald aber mehr als zwei Elemente in wechselseitiger Beziehung stehen, trifft das im Allgemeinen nicht mehr zu und selbst der denkbar beste Zustand weist noch ein gewisses Maß an Frustration auf.

Sie müssen sich also nicht grämen, wenn es wieder mal zu Hause oder auf Arbeit „knirscht". Sobald drei oder mehr Komponenten im Spiel sind, ist Frustration unausweichlich. Wenn sie jedoch bei *zweien* vorkommt, sollte man schon mal nachdenklich werden: irgendetwas läuft dann nicht ganz optimal. Und wer sich vor lauter Frustration um uns herum das Motto zugelegt hat: „Erwarte nichts, dann wirst du nicht enttäuscht", s. z. B. [10], dem sei frei nach Loriot geantwortet: „Ein Leben ohne Frustration ist möglich, aber sinnlos" [11].

8.3   Die spinnen, die Gläser: der schwere Weg zum Optimum

Wenn das im vorigen Abschnitt beschriebene System aus 3 Elementen schon frustriert war, um wieviel mehr werden es erst größere Systeme sein! Versehen wir dazu unser Dreieck mit einer äußeren Hülle, indem wir an jede Ecke ein weiteres Dreieck heften und anschließend die Grundlinien dieser Zusatzdreiecke miteinander verbinden, s. Abb. 8.2. Das so konstruierte Netz besteht aus 9 Elementen und enthält 4 Dreiecke. Wenn wir auf dieselbe Weise Schicht um Schicht Dreiecke anbringen, erhalten wir zuerst ein System aus 21 Elementen, das 10 Dreiecke enthält, dann eins aus 45 Elementen und 22 Dreiecken – s. Abb. 8.3 – usw. usf. Wir werden die so konstruierten Netze als „Diamanten" bezeichnen, sie funkeln ja auch ganz prächtig (so gut das in schwarz und weiß eben geht).

Die minimale Frustration eines „Diamanten" wird offenbar durch die Anzahl der *Dreiecke* bestimmt, die er enthält, da jedes Dreieck mit Sicherheit mindestens eine frustrierte Kante aufweist. Analog zum N-Damen-Problem gibt es dabei eine große Anzahl

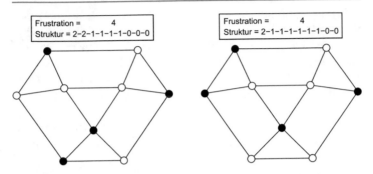

Abb. 8.2 Strukturelle Unterschiede gleichwertiger Optima des 1-Schichten-Spinglases: Bei gleicher Summe über das Gesamtsystem ist die Verteilung der Frustration auf die einzelnen Elemente unterschiedlich

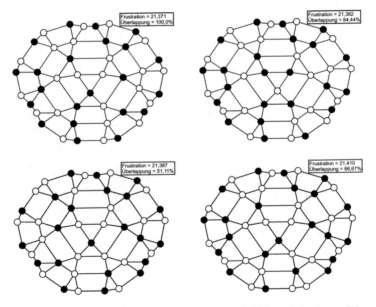

Abb. 8.3 Lokale Optima des deformierten 3-Schichten-Spinglases. Die Überlappung gibt an, wie sehr die gezeigte Konfiguration der des globalen Optimums (im Bild links oben) gleicht

Tab. 8.1 Charakteristika von Spingläsern des in Abb. 8.2 und 8.3 gezeigten Typs

Anzahl Schichten	Anzahl Elemente	Anzahl Konfigurationen	Anzahl Dreiecke	Minimale Frustration	Anzahl Minima
0	3	$2^3 = 8$	1	1	6
1	9	$2^9 = 512$	4	4	24
2	21	$2^{21} = 2.097.152$	10	10	396
3	45	$2^{45} \approx 35$ Billionen	22	22	?

gleichwertiger Optima, s. Tab. 8.1. Bereits das im vorigen Abschnitt betrachtete 3-Elemente-System zeigte dies. Die kleinstmögliche Frustration kam dort zustande, indem genau *eine* Beziehung frustriert wurde. Zwei Komponenten nahmen dabei den gleichen Zustand an, die dritte – den entgegengesetzten. Diese dritte Komponente konnte sich aber sowohl links oben als auch rechts oben als auch unten befinden, s. Abb. 8.1. Und sie konnte entweder weiß sein – die anderen beiden wären dann schwarz – oder selbst schwarz – und die anderen beiden weiß. Es gibt also bei 3 Elementen insgesamt 6 Zustände minimaler Frustration! Mit wachsender Anzahl von Schichten wächst diese Zahl schnell an. Allerdings gibt es kein einfaches Rezept zur Berechnung und wir müssen uns auf die vollständige Enumeration von Abschn. 4.1 zurückziehen – ein mühsames Geschäft, das schon bei 3 Schichten die Rechenleistung normaler Computer übersteigt.

Mit wachsender Größe des Systems zeigt sich dabei eine zunehmende *strukturelle Vielfalt* der Optima. Darunter ist folgendes zu verstehen: Im 3-Elemente-System waren alle sechs optimalen Konfigurationen strukturell *gleichartig*: Ein Element so gefärbt, zwei anders, eine Beziehung frustriert, zwei nicht. In komplizierteren Systemen geht diese Gleichartigkeit verloren, Abb. 8.2 zeigt zwei strukturell unterschiedliche Optima des Diamanten mit *einer* Schicht: In jeder der beiden Konfigurationen sind 4 Kanten frustriert, in der linken gibt es dabei 2 Elemente, in die 2 frustrierte Kanten einlaufen, dafür gibt es 3 frustrationsfreie Elemente; in der rechten trägt nur 1 Element die Last zweier frustrierter Verbindungen, dafür gibt es ein frustrationsfreies Element weniger.

▶ **Definition**   Netz: Menge von Punkten („Knoten"), zwischen denen Verbindungen („Kanten") bestehen, mathematisch auch als Graph bezeichnet

Spinglas: Netz, in dem jeder Knoten zwei Zustände einnehmen kann

Verschiedene Zustände minimaler Frustration können also sehr verschieden sein – wir stoßen wieder auf das in Abschn. 7.3.1 bereits erwähnte Phänomen der *Symmetriebrechung*. Die Lasten der Frustration werden dabei unter Umständen ziemlich ungleich auf die Systemkomponenten verteilt. Man kennt diese Ungleichheit schon von anderen Systemen, aber so ungerecht es auf den Einzelnen auch wirkt – nur so kann das Gesamtsystem zum Optimum finden.

Um die optimale Konfiguration größerer Netze zu finden, ziehen wir wieder unsere bewährten Monte-Carlo-Verfahren heran – selbst die 35 Billionen Zustände des 3-Schicht-Diamanten stellen für diese schließlich kein Problem dar. Um die Sache noch ein bisschen schwieriger zu machen, *deformieren* wir unseren Diamanten ein wenig: Wir ändern dazu die Stärke der Wechselwirkung auf jeder Verbindung nach dem Zufallsprinzip, sagen wir, um 10 %. Das System wird dann bemüht sein, die Frustration auf diejenigen Kanten zu verlagern, auf denen die Stärke der Beziehung am geringsten ist. Die verschiedenen Minima erhalten dadurch eine leicht unterschiedliche Frustration – insbesondere gibt es dann nur noch *zwei* globale Minima, die sich nur durch die komplette Umfärbung schwarz ← → weiß unterscheiden.

Abb. 8.3 zeigt links oben die Konfiguration, die das globale Optimum realisiert und daneben und darunter drei lokale Minima, deren Frustration nur ganz leicht über der optimalen liegt. In den Abbildungen ist auch die *Überlappung* der jeweiligen Konfiguration mit dem globalen Optimum angegeben. Sie erfasst, wie viele Elemente denselben Zustand einnehmen wie im globalen Optimum und misst damit die *strukturelle* Nähe der Konfiguration zum Optimum. Konfigurationen mit fast identischer Frustration können dabei einen *erheblichen* strukturellen Unterschied aufweisen – wir hatten das bereits in den in Abb. 8.2 gezeigten Fällen

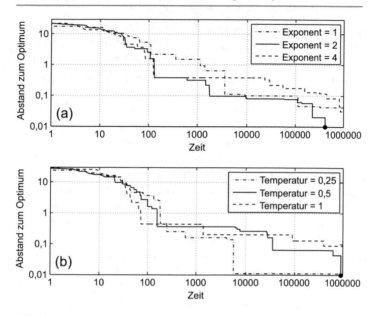

Abb. 8.4 Optimierungsverläufe für das deformierte 3-Schichten-Spinglas mittels demokratischer Optimierung (**a**) und Metropolis-Algorithmus (**b**). Die schwarzen Punkte kennzeichnen das Erreichen des globalen Minimums

gesehen. Insbesondere die im linken unteren Bild von Abb. 8.3 gezeigte Konfiguration unterscheidet sich bei fast der Hälfte der Punkte vom globalen Optimum!

Die Existenz solcher lokalen Minima mit deutlich unterschiedlicher Struktur stellt eine enorme Herausforderung für Optimierungsalgorithmen dar. In Abb. 8.4 sind mehrere typische Verläufe eingezeichnet, die unter Verwendung der demokratischen Optimierung (Abb. 8.4a) bzw. des Metropolis-Algorithmus (Abb. 8.4b) gefunden wurden. Die Abbildungen zeigen, wie sich der Optimierungspfad im Laufe der Zeit dem globalen Optimum von 21,371 annähert – ein Zeittakt entspricht dabei einem Probeschritt. Im gezeigten Zeitfenster bis zu einer Million Zeittakten erreichen allerdings überhaupt nur zwei dieser Kurven das globale Optimum – die entsprechenden Zeiten sind mit einem Punkt markiert. Sie könnten nun sagen: „Was, so langsam geht das?"

Aber nein, in Wirklichkeit geht es rasend schnell! Haben wir doch ein System vor uns, das 35 Billionen, d. h. 35 Millionen Millionen verschiedene Zustände aufweist. Und wir finden den optimalen in wenigen Hunderttausend Schritten – ich empfinde das als phantastische Leistung der Optimierungsalgorithmen!

Abb. 8.4 zeigt darüber hinaus die in Abschn. 5.3 und 5.6 diskutierte Abhängigkeit des Verlaufs der Optimierung von der Parameterwahl. Im Falle der demokratischen Optimierung ist das der Exponent, der das „Mitspracherecht" der einzelnen Elemente bestimmt – je kleiner dieser Exponent, desto größer ist dieses Recht. Man erkennt, dass die optimale Wahl einen Exponenten von 2 verlangt. Größere Werte verzögern die Annäherung an das globale Minimum (hier der Wert 4), kleinere (Exponent = 1) schmälern das Gewicht der Zielfunktion des Gesamtsystems *so* sehr, dass das globale Optimum gar nicht mehr gefunden wird – zu viel Mitspracherecht der Einzelnen ist also auch nicht gut.

Ähnlich verhält es sich mit der Parameterabhängigkeit im Fall der Abb. 8.4b: Zu hohe Temperaturen verhindern ein Absenken des Optimierungspfads in das globale Minimum, zu geringe führen zu einem Festsetzen in lokalen Optima – im gezeigten Fall ist das dem zur Temperatur = 0,25 gehörigen Pfad passiert: Die Temperatur ist zu gering, als das er die oben beschriebene Konfiguration mit der Frustration 21,387 wieder verlassen könnte. Nur bei einer günstigen Wahl der Temperatur gelangt man in überschaubarer Zeit zum globalen Optimum.

In allen Fällen vollzieht sich die Annäherung an das Optimum im Laufe der Zeit immer langsamer und langsamer – näherungsweise natürlich wieder nach dem in [12] ausführlich behandelten Potenzgesetz. Diese Tatsache gab den Spingläsern übrigens den zweiten Teil ihres Namens, erinnert sie doch an das Verhalten „echter" Gläser. Diese sind – wie alle amorphen Materialien – ebenfalls lange Zeit in eigentlich nicht-optimalen Zuständen gefangen, die Physiker sprechen von *Metastabilität*. Nach und nach werden sie aber zu „besseren" Zuständen finden und in vielen Millionen Jahren zu einer breiartigen Masse zusammengefallen sein. Glücklich schätzen können sich die Scheiben, die das noch erleben dürfen!

8.4   Über kurz oder lang: Frustration und Korrelation

Sie kennen das alte Kinderspiel „Schnick, schnack, schnuck", auch bekannt als „Schere, Stein, Papier"? Es besteht aus den 3 mit den Fingern geformten Elementen Stein, Schere und Papier, die sich gegenseitig schlagen können: Stein schleift Schere, Schere schneidet Papier, Papier wickelt Stein ein. Manche Spielarten ergänzen das Ganze um Komponenten wie Feuer, Brunnen, etc. – das Spiel wird dadurch aber nicht wirklich besser. Jedem der drei Elemente kommt die gleiche Gewinnwahrscheinlichkeit von einem Drittel zu, aber auch eine ebensolche Verlustrate – je nachdem, was der Gegenspieler macht. Wie gewinnt man dann aber in so einem Spiel – welche *Strategie* verspricht die größtmögliche Gewinnaussicht?

Wenn man mit seinem Gegenüber nur ein einziges Mal spielt, ist der Ausgang nicht vorhersagbar: 1/3 Gewinnaussicht steht 1/3 Verlustwahrscheinlichkeit gegenüber. Wenn Sie das Spiel aber *mehrmals* durchführen, werden Sie vielleicht die eine oder andere Gewohnheit bei Ihrem Gegenüber feststellen. Wenn er oder sie z. B. immer, sagen wir, Papier wählt. Dann werden Sie natürlich immer Schere nehmen – was früher oder später beim Gegenüber ein Nachdenken auslösen dürfte, ob seine „Strategie" wirklich so gut ist. Auch wenn er jedes Mal das zuvor von Ihnen gewählte Element nimmt oder sich nicht traut, ein Element mehrfach zu wiederholen, haben Sie einen Vorteil: Sie können nämlich *vorhersagen*, was Ihr Gegner als Nächstes machen wird – zumindest mit einer gewissen Wahrscheinlichkeit.

Auch Sie selbst dürfen natürlich nicht in den Fehler verfallen, das eine oder andere Muster zu spielen. Jeder Zusammenhang zwischen dem jetzt von Ihnen gewählten Element und einem früheren könnte vom Gegner erkannt und ausgenutzt werden. Sie müssen also jedes Mal das Element nach dem Zufallsprinzip auswählen – schon wieder eine Monte-Carlo-Strategie!

▶ Korrelation: Abhängigkeit des Zustands eines Elements vom Zustand eines oder mehrerer anderer Elemente – oder von seinem eigenen zu früheren Zeitpunkten

Dass eine völlig zufällige Strategie die optimale sein kann, ist auch in anderen Entscheidungssituationen erkannt worden: Ein Torwart, der bei jedem Elfmeter vor der schwierigen Entscheidung steht, in welche Ecke er sich werfen soll, muss dies auf „gut Glück" tun. Reale Torhüter analysieren ihren Gegner, seine Vorlieben, seine Bewegungen, oder vertrauen auf einen „Glücks-Zettel" im Schuh wie Jens Lehmann bei der Fußball-Weltmeisterschaft 2006. Das mag im konkreten Fall geholfen haben, eine *Strategie* lässt sich darauf aber wohl schwerlich aufbauen. Als optimal erweist es sich hingegen, unberechenbar zu sein, dem Gegner also aus bisherigen Verhaltensweisen keinen Aufschluss über zukünftige zu geben!

Wissenschaftlich betrachtet, haben wir es bei einer solchen Strategie mit einer *korrelationsfreien* Vorgehensweise zu tun: jedes Ereignis soll unabhängig von den anderen sein. Dass das gar nicht so einfach umzusetzen ist, wird jeder wissen, der selbst schon einmal „Schnick, schnack, schnuck" gespielt hat. Am besten ist es, *vorher* die beabsichtigten Aktionen auszuwürfeln und sich dann strikt an die Reihenfolge zu halten, die sich dabei ergeben hat – auch wenn sie noch so „unwahrscheinlich" aussieht.

Das Bestreben, ein System ohne Korrelationen aufzubauen, bildet auch den Inhalt des hier anstehenden Problems, der Suche nach *schwach korrelierten Binärfolgen* („low autocorrelation binary sequences"). Das sind Folgen, deren Elemente nur zwei Zustände einnehmen können – analog den im vorigen Abschnitt diskutierten Spins. Zur Illustration können wir daher die dort betriebene „Schwarz-Weiß-Malerei" fortsetzen – weiß steht für den einen Zustand, schwarz für den anderen.

Hintergrund ist die aus der Informations- und Kommunikationstechnik stammende Frage nach der dichtestmöglichen Packung einer Information: Wie viele Elemente – die Informatiker würden sagen „Bits" – brauche ich mindestens, um eine gegebene Nachricht zu übertragen? Oder anders gefragt: Wie groß ist die maximale Informationsmenge, die ich mit einer gegebenen Anzahl von Bits übertragen kann?

Diese Frage ist unmittelbar die nach der minimalen Korrelation zwischen den Elementen einer Folge, denn Korrelation bedeutet Vorhersagbarkeit, wie wir in unserem Schnick-Schnack-

Schnuck-Beispiel gesehen haben. Und Vorhersagbares enthält keine neue Information. Nicht ohne Grund sagen wir oft: „Das musste ja jetzt so kommen" – wenn auch meist erst hinterher.

Im Gegensatz zum Spinglas besteht das Ziel der Optimierung aber nicht darin, möglichst wenige Verbindungen zu erzeugen, an deren Enden der *gleiche* Zustand eingenommen wird. Stattdessen bildet man das *Produkt* der Zustände an den Eckpunkten der Verbindung und fordert, dass die Summe dieser Produkte möglichst klein sein soll, genauer gesagt: die Summe ihrer Quadrate. Das sind wir ja schon von der Methode der kleinsten Quadrate gewöhnt: Immer wenn eine Größe sowohl positive als auch negative Werte annehmen kann, neigt die einfache Summe zum Ausgleichen dieser Beiträge, die Summe der Quadrate hingegen kann als gutes Maß für die Abweichung von der optimalen Konfiguration dienen.

Durch das Quadrieren wird allerdings eine Verknüpfung erzeugt, die es in sich hat: Das Quadrat einer Summe von Zweierbeziehungen enthält nämlich auch Wechselbeziehungen zwischen *vier* Elementen. Jeder Punkt ist daher mit den anderen auf *zwei verschiedene Arten* verbunden: als Teil einer Zweierbeziehung und als Teil eines Viererprodukts. Zur Veranschaulichung der Zielfunktion kann man eine grafische Darstellung als Netz benutzen, Abb. 8.5 zeigt dieses Netz für ein System mit 6 Elemen-

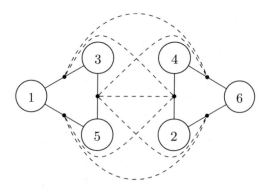

Abb. 8.5 Beziehungsgeflecht im Problem der schwach korrelierten Binärfolgen: Neben Verbindungen zwischen 2 Elementen treten auch Viererbeziehungen auf, die erheblich zur Frustration des Gesamtsystems beitragen (gestrichelte Linien)

ten. Wie im Spinglas bilden die einzelnen Elemente die Knoten dieses Netzes. Die Zielfunktion enthält nun aber nicht nur Beiträge, die das Produkt zweier Elemente darstellen, sondern auch Summanden, in denen *vier* Elemente miteinander multipliziert werden. Wir brauchen also unterschiedliche Darstellungen für diese beiden Verknüpfungsarten: Erstere sind als normale Verbindung zweier Elemente dargestellt, die Viererwechselwirkung hingegen gestrichelt als *Verbindung zweier Verbindungen* visualisiert.

Es ergibt sich ein schier unentwirrbares Knäuel von Beziehungen, die jeden Knoten mit jedem anderen verbinden. Er steht dabei in Wechselbeziehung nicht nur mit seinen zwei *unmittelbaren* Nachbarn, sondern auch mit den übernächsten, den überübernächsten usw. usf. So ist in dem in Abb. 8.5 dargestellten System aus 6 Elementen Element Nr. 1 eingebunden in die Zweierbeziehungen 1-3 und 1-5 und in die Viererprodukte 1-2-3-4, 1-2-4-5, 1-2-5-6 und 1-3-4-6.

Die Wechselwirkung „jedes mit jedem" findet sich übrigens in vielen realen Systemen: Elektrische Ladungen oder Magnete beeinflussen nicht nur ihre Nachbarn – ihre Ausstrahlung reicht, genau genommen, beliebig weit. Auch in anderen Zusammenhängen erweisen sich *langreichweitige Korrelationen* eher als *typisch* – ich bin darauf detailliert in [12] eingegangen. Allerdings hat sich die *Komplexität* dieser Systeme gerade darin ausgedrückt, dass die Stärke der Wechselwirkung mit wachsender Entfernung der beteiligten Elemente abnahm. Nicht so im hier betrachteten Problem: Alle Korrelationen tragen gleich stark zur Zielfunktion bei, das System ist in diesem Sinne *hyper-komplex*.

Die Frustration ist dabei vorprogrammiert: Jede Änderung des Zustands eines Elements beeinflusst gleich *mehrere* andere. Manche Summanden werden sich dadurch vergrößern, andere verringern. Ob ein Element also mit einem *Wechsel* seines Zustands der Gesamtbewertung einen „Gefallen" tut oder nicht, hängt von den aktuellen Zuständen *aller* anderen Elemente ab. Auch dieses Phänomen kennen wir zur Genüge aus unserem Alltag: was gestern goldrichtig war, kann heute grundfalsch sein – es kommt immer auf die Gesamtheit aller Umstände an. Selbst die Unbeweglichkeit und Unentschlossenheit mancher Politiker könnte

Abb. 8.6 Minimal korrelierte Binärfolge der Länge 17

man als Ausdruck dieser Erkenntnis werten: angesichts der un-
überschaubaren Verflechtung aller Akteure einer modernen Gesellschaft ist der Effekt einer Zustandsänderung schwer vorherzu-
sehen. Da kann es schon verführerisch sein zu sagen: „Nur wer
nichts macht, macht nichts falsch".

Das Problem der schwach korrelierten Binärfolgen gehört
denn auch zu den schwersten der diskreten Optimierung, weil
tiefe Zerklüftungen der Landschaft das Finden des globalen Optimums erschweren. Auch mit modernster Rechentechnik konnte
das Optimum bisher lediglich für Systeme mit einigen Dutzend
Elementen ermittelt werden – eine verschwindend geringe Anzahl
im Vergleich zu den Zehntausenden von Städten, für die das Problem des Handelsreisenden schon gelöst werden konnte. Trotzdem soll abschließend wenigstens ein konkretes Optimum gezeigt
werden – wenn auch nur für ein relativ kleines System, s. Abb. 8.6.

Literatur

1. Duden – Deutsches Universalwörterbuch (2019). Dudenverlag, Berlin
2. Dorsch – Lexikon der Psychologie (2021). Hogrefe AG, Bern
3. Hammer G (2001) Frustration of contract. Duncker & Humblot GmbH,
   Berlin
4. Die Formulierung „und wenn ja, …" als Erwiderung auf ein „wer?"
   wurde durch die philosophischen Betrachtungen von Richard David
   Precht salonfähig [Precht R D (2007) Wer bin ich – und wenn ja, wie
   viele? Goldmann, München].
5. Shakespeare W (2009) Romeo und Julia. GRIN Verlag, München
6. Brecht B (2005) Die Dreigroschenoper. Suhrkamp Verlag AG, Berlin
7. Toulouse G: Communications on Physics 2 (1977) 115–119
8. Milde G, Kobe S: Journal of Physics A: Math. Gen., 30 (1997) 2349–
   2352
9. Dressel F, Kobe S (2008) Exact Energy Landscapes of Proteins Using a
   Coarse–Grained Model. In: Rugged Free Energy Landscapes, Springer
   Lecture Notes in Physics 736, S. 247–268

10. Fuchs B, http://www.aphorismen.de/suche?f_autor=1354_Belinda+Fuchs-&seite=2. Zugegriffen: 01. Oktober 2021
11. Loriot (2011) Sehr verehrte Damen und Herren…: Bewegende Worte zu freudigen Ereignissen, Kindern, Hunden, weißen Mäusen, Vögeln, Freunden, Prominenten und so weiter. Diogenes Verlag, Zürich
12. Dittes F-M (2021) Komplexität – Warum die Bahn nie pünktlich ist. Springer-Verlag, Berlin Heidelberg

Wie soll ich mich entscheiden: die Kunst des Kompromisses

9

Zusammenfassung

Die Spezifik von Optimierungsproblemen, bei denen mehrere Ziele verfolgt werden, bildet den Inhalt dieses Kapitels. Dabei wird insbesondere das Verfahren der gewichteten Verrechnung der Ziele behandelt. Die Herausbildung von Netzstrukturen im Wechselspiel von Qualität und Kosten sowie die Konfiguration von Antireflexbeschichtungen dienen als Beispiele.

9.1 Wer zwei Hasen jagt: mehrdimensionale Zielfunktionen

… wird keinen fangen, heißt es im Sprichwort: Rendite oder Sicherheit, Kind oder Karriere, Hund oder Katze, Geld oder Leben. Ständig befinden wir uns in Situationen, in denen wir *vielfachen* Zielvorstellungen ausgesetzt sind. Gerne hätten wir beides – fast hätte ich gesagt: Alles! – aber nur in den seltensten Fällen erfüllt sich dieser Wunsch. Nicht ohne Grund ist in der Überschrift dieses Kapitels von Hasen die Rede und nicht von „Eier legenden Wollmilchsäuen".

In solchen Situationen optimale Entscheidungen zu treffen, fällt nicht leicht. Ja es ist nicht einmal klar, was dabei unter „optimal" zu verstehen ist! Was für das eine gut ist, kann für das andere reichlich

© Springer-Verlag GmbH Deutschland, ein Teil von Springer Nature 2022
F.-M. Dittes, *Optimierung*, Technik im Fokus, https://doi.org/10.1007/978-3-662-64906-0_9

sub-optimal sein. In der uns nun schon seit Kap. 3 vertrauten Sprechweise heißt das: eine Konfiguration, die dem Optimum der einen Zielfunktion entspricht, kann eine nicht-optimale Bewertung im Hinblick auf das andere Ziel haben. Wir haben es mit *zwei* (oder mehreren) Bewertungslandschaften zu tun, die sich über dem Konfigurationsraum erheben – im Sinne von Abschn. 3.3 sprechen die Mathematiker auch von einer *mehrdimensionalen Zielfunktion*. Viele dieser Zielpaare stehen dabei *diametral* zueinander: Je mehr wir dem einen nachgehen, desto stärker wird das andere vernachlässigt. Auch bei der Zielverfolgung gelingt es eben nur in den seltensten Fällen, „sieben auf einen Streich" [1] zu erlegen!

Die im ersten Satz dieses Abschnitts angeführten Beispiele kann man in zwei Kategorien einteilen. Die Ziele können nämlich entweder

1. *kompromissfähig* bzw. *verrechenbar*, oder aber
2. *unvereinbar* sein.

Ein Beispiel für ein kompromissfähiges Paar von Zielen bilden Rendite und Sicherheit. Wer hätte nicht gern seine Vorsorge für Alter, Haus oder Auto so angelegt, dass sie sich kräftig vermehrt, aber trotzdem auf keinen Fall Schaden nehmen kann. Mittlerweile sollte aber jedem klar sein, dass eine höhere Rendite unausweichlich mit einem höheren Risiko einhergeht. Wir haben es also mit einem echten Konflikt zwischen beiden Zielen zu tun, allerdings mit einem lösbaren.

Sie gehören doch sicher weder zu den eingefleischten Zockern, die vor kurzem unser Finanzsystem erschüttert haben, noch zu den Ewig-Misstrauischen, die ihr Geld im Sparstrumpf unterm Kopfkissen hamstern. Also legen Sie doch die Hälfte des Geldes sicher an und die andere Hälfte etwas riskanter, oder teilen Sie es im Verhältnis 2 zu 1 oder 10 zu 1, ganz nach Ihrem Geschmack. Der optimale Zustand kann also durch eine *gewichtete Überlagerung* der beiden Ziele gefunden werden – im Alltag würde man dazu sagen: durch einen Kompromiss.

Auch der Spagat zwischen Kind und Karriere gehört in diese Klasse von Problemen. Beides ist heute besser miteinander vereinbar als in früheren Zeiten – selbst wenn dafür noch viel zu tun bleibt. Der Konfigurationsraum des modernen Lebens ist so vielfältig, dass sich in ihm Gebiete finden lassen, die sowohl für das Wohl des Kindes als auch für die berufliche Entwicklung der Eltern gute Bedingungen bieten.

Anders verhält es sich mit den beiden restlichen Beispielpaaren: Wenn Sie Freude an mehreren Arten von Haustieren haben, sollten Sie ganz genau überlegen, welche Ihnen am nächsten steht und sich dann für *eine* davon entscheiden – spätestens an diesem Beispiel sieht man, dass sich verschiedene Ziele ganz schön beißen können. Und falls Sie – was hoffentlich nie eintritt – einmal in die äußerst unangenehme Situation kommen sollten, sich im zweidimensionalen Zielraum „Geld – Leben" zu befinden, sollten Sie weder versuchen, die goldene Mitte von beiden zu finden noch allzu lange überlegen, was Ihnen wichtiger ist!

Die beschriebene Klassifizierung gilt dabei sowohl für kontinuierliche als auch für diskrete Konfigurationsräume. Sowohl das Paar „Rendite und Sicherheit" als auch „Kind und Karriere" basieren offensichtlich auf einem *kontinuierlichen* Raum: Die prozentuale Aufteilung auf sichere und auf spekulativere Anlagen kann beliebig festgelegt werden. Und auch die Zeit zwischen Kind, Familie oder Freizeit auf der einen und Beruf auf der anderen Seite ist – im Prinzip – frei verteilbar. Die optimale Lösung wird daher davon abhängen, wie stark Sie das eine oder andere Ziel ins Kalkül ziehen – Ihre Vorstellung, welches Ziel *dominieren* soll, bestimmt die Lage des Optimums.

Häufig ist der Zusammenhang zwischen dem Erreichen *eines* Ziels und der Verschlechterung im Hinblick auf das *andere* dabei alles andere als linear: Ein kleines bisschen an Verbesserung in die eine Richtung entfernt die Lösung deutlich vom anderen Ziel. Das wird besonders deutlich in den Grenzbereichen des Erreichbaren: Der ideale Sumo-Kämpfer hätte wohl wenig Chancen beim leichtathletischen Zehnkampf. Und die Muskelmasse, die der bullige 100-m-Sprinter aufbaut, um auch die letzte Hundertstelsekunde auszureizen, würde ihn über die 5-Kilometer-Distanz vermutlich mehrere Minuten kosten. Letztlich ist jedes Optimieren selbst ein Prozess mit mehreren Zielgrößen: Wir wollen zwar eine perfekte Lösung, aber das auch noch möglichst schnell, mit möglichst wenig Rechenaufwand. Die in Abb. 8.4 gezeigten

Verläufe von Annäherungen an das globale Optimum illustrieren, dass das ein echtes Dilemma darstellt und man – besonders gegen Ende hin – ganz schön lange warten muss, um auch noch das letzte bisschen Verbesserung „herauszukitzeln".

Ein Beispiel für einen *diskreten* Konfigurationsraum liefert die alle Autofahrer immer wieder bewegende Frage „Autobahn oder Landstraße?". In Abb. 9.1 ist das an einem symbolischen Straßennetz illustriert. Die Punkte A, B, C und D liegen auf einem Halbkreis um den Mittelpunkt M, von ihm aus gehen Autobahnen zu allen 4 Punkten. Außerdem sind B und C durch eine ringförmige Bundesstraße sowie durch geradlinige Landstraßen niederer Ordnung, auf denen man noch langsamer fahren muss, mit A verbunden.

Um von A nach B oder C zu gelangen, gibt es nur jeweils 3 Möglichkeiten – der Konfigurationsraum ist also diskret. Welchen Weg wir wählen, hängt davon ab, wie wir uns zwischen den Zielen „Fahrzeit" und „Weglänge" positionieren. In unserem Beispiel führt der schnellste Weg über die Autobahn. Er ist allerdings um einiges länger (und damit mit höheren Kosten verbunden) als die direkte Verbindung entlang der Landstraße. Es wird daher vom persönlichen Ermessen abhängen, wie wichtig einem das schnelle Erreichen des Ziels ist. Zeit ist eben Geld, fragt sich nur: wie viel?

Jedes Navigationsgerät bietet daher zwei Möglichkeiten an: die kürzeste und die schnellste Route. Wie diese gefunden werden, soll uns hier nicht weiter interessieren – das stellt ein separates Optimierungsproblem dar. Daneben gibt es auf den meisten Navis etwas, was als „optimale Route" bezeichnet wird. Damit ist irgendeine Verrechnung von Entfernung und Zeit gemeint –

Abb. 9.1 Symbolisches Straßennetz mit Autobahnen (Doppellinien), Bundes- (durchgezogener Halbkreis) und Landstraßen

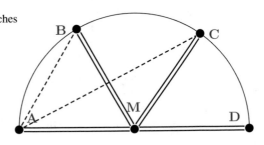

welche, wird leider nicht beschrieben. Wie wir wissen, bedarf dieser Begriff stets einer eingehenden Erläuterung – die meisten Navigationsgeräte dürften damit überfordert sein. Im konkreten Fall würde vermutlich als „Navi-Optimum" zwischen der schnellen Autobahn und der kurzen Landstraße die skizzierte Ringstraße vorgeschlagen werden. Wenn Sie allerdings Ihren Weg durchs Leben nicht danach ausrichten wollen, was ein Navigationsgerät für optimal hält, dann haben Sie immer noch die Option, die „schönste Route" auszuwählen, die sich ebenfalls häufig im Angebot findet.

Ein weiteres Beispiel für die „Verrechnung" mehrerer Bewertungen hatten wir in Abschn. 3.4 angeführt: die zur Charakterisierung der Leistungen eines Schülers vergebenen Noten. Allerdings reduzierten wir die Noten-Vielfalt sofort auf *eine* Note, den *Durchschnitt*. Diese Praxis wird von vielen als fragwürdig erachtet – schon Albert Einstein scheiterte bei seiner ersten Bewerbung auf einen Studienplatz an seinem schlechten Französisch, da halfen auch die besten Mathe-Kenntnisse nichts. Und die berühmte Kuh, die im Dorfteich ertrank, obwohl der im Durchschnitt nur einen Meter tief war, mag ebenfalls dagegen sprechen.

Allerdings gibt es in vielen Fällen keine andere *Möglichkeit*, als die verschiedenen Bewertungen – und damit den Grad des Erreichens verschiedener Ziele – miteinander zu verrechnen. *Wie* diese Verrechnung erfolgen sollte, steht auf einem anderen Blatt, der Durchschnitt ist nicht immer die einzige Möglichkeit. Denken wir wieder an die Schule: Die Bewertung des *Abschlusses* wird durch eine Art Mittelwert definiert, nämlich durch die Summe der in den Einzelfächern erreichten Punktzahlen. Im Laufe eines Schülerlebens entscheidet aber nicht der Mittelwert, sondern die *schlechteste* Note über das Schicksal bzw. die Versetzung in die nächste Klassenstufe!

Betrachten wir also zwei Beispiele mit widerstreitenden Zielen etwas genauer.

9.2   Sie werden verbunden: Verkehrs- und Energienetze

Im Zusammenhang mit den in Abschn. 8.3 betrachteten
abstrakten „Diamanten" hatten wir bereits von Net...
sprochen. Wesentlich anschaulicher sind jedoch die N...
uns in unserer alltäglichen Umgebung begegnen: Da ist
das Verkehrsnetz, sei es als Straßen-, Schienen- oder...
wegenetz, dann das Energienetz zur Versorgung mit St...
Gas. All diese Netze haben Kanten – Straßen, Schiene...
gen oder Pipelines – und Knoten – Kreuzungen un...
stationen, aber auch die Quellen und Senken auf dies...
bilden Knoten: Kraftwerke und Abnehmer, Bahnhöfe...
plätze.

Die optimale Struktur eines solchen Netzes zu finde...
klassisches Optimierungsproblem dar, bei dem — gan...
des jetzigen Kapitels – mindestens zwei Ziele beac...
müssen: einerseits die Qualität des Netzes für de...
andererseits die Kosten für Bau und Unterhaltung. Di...
tät lässt sich dabei z. B. als mittlere Entfernung (und
zeit) zwischen zwei Städten messen, wobei mit...
natürlich nicht die Luftlinie gemeint ist (es sei d...
trachten das Luftverkehrsnetz), sondern die Distanz...
ßen-, Schienen- oder Leitungsnetz, s. Abb. 2.6. Die K...
rum sind näherungsweise proportional zur Ges...
Netzes. Qualität und Kosten bilden damit ein...
metralen Zielen: Ein nutzerfreundliches Netz so...
Wege zwischen den Städten, besitzt also vie...
bindungen. Dagegen ist ein kostengünstigeres Ne...
gedünnt und man muss bei den meisten Reisen Ur...
nehmen, um ans Ziel zu kommen, die Qualität fü...
sinkt.

In [2] ist dieses Wechselspiel von Qualität und...
spiel eines Zufallsnetzes illustriert. Übertragen...
Städte, ergeben sich die in Abb. 9.2 gezeigten...
Dominanz des Qualitätsziels, rechts bei stärker...
Kosten. Insbesondere das letztere sieht doch...

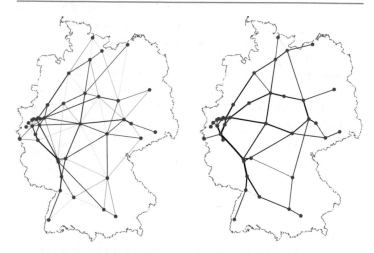

Abb. 9.2 optimale Verbindungsnetze zwischen den 40 größten deutschen Städten, links bei Betonung der Nutzerfreundlichkeit, rechts bei Dominanz des Kostenaspekts. Die Linienstärke gibt jeweils die Belastung der Kante an

realistisch aus, fast wie im echten Leben! Es gibt die Magistralen zwischen Hamburg und München und auch das Ruhrgebiet ist gut versorgt. Lediglich die Verbindungen an den Rändern erscheinen ein wenig vernachlässigt. Berlin ist nur durch eine einzige Trasse mit dem Netz verbunden und sowohl von Berlin nach München als auch nach Hamburg empfiehlt die gefundene Lösung keine Direktverbindung. Dabei sollte auf einer dieser Strecken sogar mal ein Transrapid fahren!

Allerdings haben wir bisher alle Strecken gleichbehandelt – ganz unabhängig von der Zahl der Reisenden. Vielleicht ergibt sich ein anderes Bild, wenn wir die Belastung der Kanten einbeziehen, also – wie die Mathematiker sagen – einen gewichteten Graphen optimieren?

Da niemand genau weiß, wie viele Menschen wirklich jeden Tag z. B. von Frankfurt nach Köln fahren, müssen wir eine Abschätzung anhand der Einwohnerzahlen vornehmen. Nehmen wir an, dass erstens alle Bundesbürger gleich reisefreudig sind und jeder in einem gegebenen Zeitraum *einmal* eine andere Stadt besucht. Und zweitens unterstellen wir, dass die Einwohnerzahl auch irgendwie die *Attraktivität* einer Stadt widerspiegelt – auch wenn das bei einigen der in Tab. 2.2 genannten Städte ein näheres Hinschauen erfordert.

Wenn also z. B. Ort A 60 Einwohner hat, B 30 und C 15 (so etwas soll es wirklich geben), dann fahren doppelt so viele A-Bürger nach B als nach C, von B aus fahren 4-mal so viele nach A wie nach C und von den 15 Einwohnern des Orts C fahren doppelt so viele nach A wie nach B, s. Tab. 9.1.

Zählt man beide Richtungen zusammen, fahren zwischen A und B damit 40 + 24 = 64 Personen. Die Belastung der Kante A$\longleftrightarrow$C ergibt sich entsprechend zu 20 + 10 = 30 und die von B$\longleftrightarrow$C zu 5 + 6 = 11. Überträgt man diese Berechnungsvorschrift auf die betrachteten 40 deutschen Städte, kann man die entsprechende Netzstruktur untersuchen.

Wir kommen dabei allerdings in Berührung mit einem neuen Aspekt der Optimierung: Bisher unterschieden sich die verschiedenen Punkte des Konfigurationsraums durch die Werte bestimmter *Parameter*: der Koordinaten des Standorts, der Reihenfolge der Städte auf der Rundreise, der Zuordnung von „+" oder „–" auf die einzelnen Komponenten der Autokorrelationskette. Jetzt haben wir es mit *Strukturänderungen* zu tun. Eine Verbindung ist entweder da oder nicht da, man kann nicht eine halbe Straße oder eine halbe Stromleitung bauen. Grundsätzlich ändert sich dadurch nichts an der Vorgehensweise. Wir müssen nur anders definieren, was wir unter einem *Schritt* verstehen wollen, d. h. unter der Operation, die uns von einer Konfiguration in eine andere führt. Bei Netzen besteht ein solcher Schritt im Wegnehmen und/oder Hinzufügen mindestens einer Kante – wobei gewährleistet bleiben muss, dass es auch nach Ausführen des

Tab. 9.1 Verkehrsströme zwischen drei Orten mit 15, 30 und 60 Einwohnern

von nach	A	B	C	Summe (Resultierende Besucherzahl)
A	–	24	10	34
B	40	–	5	45
C	20	6		26
Summe (Einwohnerzahl)	60	30	15	105

Schrittes von jeder Stadt einen Weg zu jeder anderen gibt. Das Netz darf also nicht in mehrere Teil-Netze zerfallen, ähnlich wie die Tour des Handelsreisenden sich nicht in mehrere kleine Touren aufspalten durfte. Die Mathematiker nennen ein solches Netz „verbunden" – und dass wir verbunden bleiben, hatte ich ja in der Abschnittsüberschrift versprochen.

Verwendet man solche Schritte in einer beliebigen der in Kap. 5 beschriebenen Metaheuristiken, so ergeben sich die in der oberen Reihe von Abb. 9.3 gezeigten Netze – links bei geringerem Einfluss des Kostenfaktors, rechts bei stärkerem. Die erhaltenen Konfigurationen sehen noch besser aus als die ohne Berücksichtigung der Einwohnerzahlen: Berlin ist jetzt direkt mit Hamburg verbunden und es gibt sogar eine Direktverbindung von Berlin nach Dortmund! In der unteren Reihe von Abb. 9.3 habe ich darüber hinaus zwei Vorschläge unterbreitet, wie das Bahnnetz durch weitere Einsparungen noch mehr ausgedünnt werden könnte – ich hoffe, dass dieses Kapitel nie von einem Bahn-Entscheider gelesen wird! Interessanterweise geht dabei von den Direktverbindungen zwischen den Millionenstädten zuerst die zwischen Berlin und Hamburg verloren – es war offenbar sehr weise gewesen, das Transrapidprojekt auf dieser Strecke nicht weiter zu verfolgen.

Kommen wir schließlich zum Standortproblem von Abschn. 2.2 zurück. Dort hatten wir bestimmt, wo eine zentrale Anlage stehen sollte, die für die betrachteten 40 Städte von Bedeutung ist – z. B. ein Kraftwerk oder ein zentrales Rechenzentrum. Jetzt müssen wir diese Anlage nur noch mit den Abnehmern verbinden. Wir erhalten dabei wieder ein Netz, in dem die Verbindungen *zwischen* den Städten allerdings nicht mehr von Bedeutung sind. Stattdessen soll jede einzelne Stadt möglichst günstig an die zentrale Anlage angebunden werden. Und „günstig" heißt wieder: auf möglichst kurzem Weg *und* zu geringsten Kosten.

Analog zum oben diskutierten Bahnnetz wird also ein Kompromiss zwischen der summaren Entfernung zwischen den Städten und der Anlage auf der einen Seite und der Gesamtlänge des Netzes auf der anderen zu suchen sein. Kostet der Leitungsbau dabei sehr wenig, kann sich jede Stadt *direkt* mit der zentralen Anlage verbinden. Mit wachsenden Leitungskosten wird das Sys-

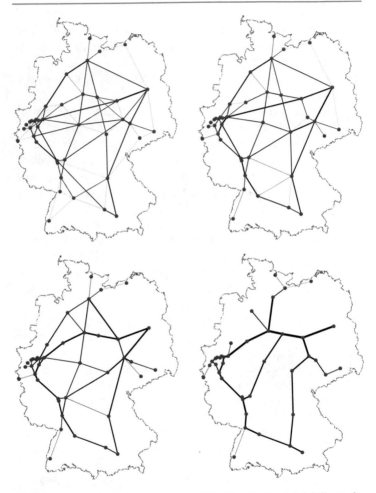

Abb. 9.3 Verbindungsnetze analog zu Abb. 9.2 unter Berücksichtigung der Reiseströme. Der Kostendruck nimmt von links oben nach rechts unten zu

tem aber mehr und mehr versuchen, dicht beieinander liegende Leitungsabschnitte zu einem einzigen zu verbinden, auch wenn für die Verbindung jeder Stadt mit dem Zentrum nun Umwege in Kauf genommen werden müssen. Es wird dazu neben dem zentralen Knoten weitere Verzweigungspunkte ausbilden – in Abb. 9.4

Abb. 9.4 optimale Netze der Anbindung der 40 größten Städte an ein in der Mitte Deutschlands liegendes Versorgungszentrum. Die Leitungskosten nehmen von links oben nach rechts unten zu; die Linienstärke entspricht der erforderlichen Leitungskapazität

ist dargestellt, wie sich die optimale Netzkonfiguration mit wachsendem Kostendruck verändert (Abbildungen von links oben nach rechts unten). Die zunehmende Ähnlichkeit mit einem im wissenschaftlichen Sinn komplexen Netz (s. Abb. 7.1 in [2]) ist frappierend: ganz offensichtlich führt der hohe Kostendruck zur Ausbildung von Strukturen auf mehreren Skalen und damit zur Ausprägung von Komplexität.

9.3   Spieglein, Spieglein an der Wand: Antireflexbeschichtungen

„… wer ist die Schönste im ganzen Land?" fragt die böse Königin im Märchen von Schneewittchen [1] (es ist das letzte Märchen, auf das ich zu sprechen komme). Der Spiegel antwortet bekanntlich etwas ziemlich Ungehöriges, vor allen Dingen jedoch zeigt er nicht das *Spiegelbild* der Königin! Gut, es handelte sich um einen Zauberspiegel, aber offenkundig war er ordentlich *entspiegelt* – eine beachtliche technologische Leistung für die damalige Zeit *und* die Lösung eines weiteren Optimierungsproblems!

Die Reflexionen an einer Oberfläche kann man nämlich nur verringern, indem man geeignete Materialien in geeigneter Stärke auf sie aufbringt. Bekannt ist das $\lambda/4$-Blättchen, das die Spiegelung minimiert. Dabei bezeichnet λ die Wellenlänge des einfallenden Lichts – und genau darin liegt das Problem! Normales Tageslicht – und ich unterstelle, dass der Königin nichts anderes zur Verfügung stand – enthält nämlich *viele* verschiedene Wellenlängen. Der für Menschen sichtbare Bereich geht von kurzwelligem, blauem Licht mit einer Wellenlänge von ca. 380 Nanometern bis zu tiefrotem Licht mit $\lambda = 780$ Nanometern. Der Bereich der höchsten Empfindlichkeit des menschlichen Auges liegt in der Mitte dieses Bereichs bei 450 nm bis 650 nm.

▶ **Definition** Brechungsindex: Materialeigenschaft, die die Lichtausbreitung in einem Medium bestimmt, auch als Brechzahl bezeichnet

Optische Dicke: Produkt aus geometrischer Länge eines Mediums und dessen Brechzahl

$\lambda/4$-Blättchen: Schicht, deren optische Dicke gleich einem Viertel der Wellenlänge des einfallenden Lichts ist

Nanometer, abgekürzt nm: Millionster Teil eines Millimeters

Reflektivität: Anteil des einfallenden Lichts, der zurückgespiegelt wird

Was für $\lambda = 780$ nm ein *Viertel* der Wellenlänge ist, macht für $\lambda = 380$ nm ziemlich genau die *Hälfte* aus. Ein Blättchen, das die Reflexion roten Lichts minimiert, verstärkt sie also gerade am anderen Ende des sichtbaren Bereichs! Das Ziel, kein rotes Licht zu reflektieren, steht demselben Bestreben für blaues Licht also diametral entgegen – wir müssen wieder nach einem Kompromiss zwischen diesen beiden Zielen suchen.

Als Ansatz bietet sich an, die *mittlere* Reflektivität in einem bestimmten Wellenlängen-Bereich zu minimieren. Häufig beschränkt man sich dabei auf den o. g. Bereich der größten Empfindlichkeit zwischen 450 und 650 Nanometern. Beschichten wir also die Spiegeloberfläche mit einer dünnen Schicht eines geeigneten Werkstoffs – häufig verwendete Materialien sind in Tab. 9.2 zusammengestellt.

Die Frage nach der optimalen Dicke einer solchen Schicht stellt noch kein wirkliches Optimierungsproblem dar. Ich habe ja nicht ohne Grund weiter oben vom $\lambda/4$-Blättchen gesprochen, das die Reflexion minimiert. Um über einen ganzen Wellenlängenbereich zu minimieren, wird man also wohl ein Viertel einer Wellenlänge nehmen müssen, die ungefähr in der Mitte dieses Bereichs liegt, der genaue Wert ist in Tab. 9.3 angegeben.

Tab. 9.2 Materialien, die zur Beschichtung optischer Oberflächen eingesetzt werden (nach [3])

Material	Chemische Formel	Brechzahl
Magnesiumfluorid	MgF_2	1,38
Aluminiumoxid	Al_2O_3	1,76
Tantalpentoxid	Ta_2O_5	2,05

Tab. 9.3 Optimale Beschichtungen

Anzahl Schichten	Mittlere Reflektivität	Materialien	Optische Schichtdicken in nm
1	1,798 %	MgF_2	134,2
2	0,571 %	$Al_2O_3 - MgF_2$	59,4 - 162,6
3	0,074 %	$Al_2O_3 - Ta_2O_5 -$ MgF_2	99,1 - 200,7 - 128,1
4	0,049 %	$MgF_2 - Al_2O_3 -$ $Ta_2O_5 - MgF_2$	254,6 - 100,6 - 191,0 - 128,5

Leider ist die mit *einer* Schicht erzielbare Reduktion der Reflexion nicht sonderlich gut: fast 2 Prozent des Lichts werden immer noch reflektiert. Versuchen wir es also mit einer weiteren Schicht – oder gar mit mehreren. Wir geraten damit allerdings auf ein völlig neues Gebiet von Optimierungsaufgaben: Bisher hatten wir es mit Problemen zu tun, deren Konfigurationsraum entweder rein diskret oder rein kontinuierlich war – zur ersten Gruppe gehörten z. B. das N-Damen-Problem und der Handelsreisende, zur zweiten die Standortoptimierung und die Trassenführung.

Das Finden der optimalen Antireflexbeschichtung ist aber ein *gemischt kontinuierlich-diskretes*, denn wir können die Dicken der einzelnen Schichten kontinuierlich ändern, die dafür verwendeten Materialien aber nur aus der diskreten Menge in Tab. 9.2 auswählen. Der Optimierungsalgorithmus muss diese Besonderheit berücksichtigen. Das ist natürlich in allen Metaheuristiken möglich. Der Leser wird mir nachsehen, dass ich auch hier die Methode der demokratischen Optimierung benutzt habe. Als das „Element", das bestrebt ist, *seine* Reflexion zu verringern, tritt hierbei die konkrete Wellenlänge auf.

In Abb. 9.5 ist das Ergebnis einer solchen Optimierung unter Verwendung der Materialien aus Tab. 9.2 dargestellt. Als Bereich, über dem die mittlere Reflektivität minimal sein soll, ist dabei das oben erwähnte Gebiet der maximalen Empfindlichkeit des menschlichen Auges von 450 nm bis 650 nm gewählt. Man erkennt die Orientierung auf diesen Zielbereich sehr gut daran, dass die Reflektivität außerhalb seiner Grenzen stark ansteigt, und zwar umso stärker, je besser das Optimum in der Mitte ausfällt, s.

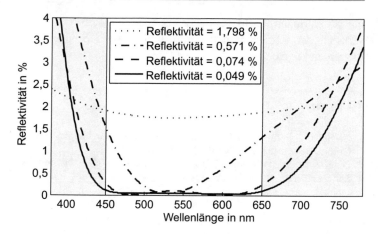

Abb. 9.5 Spektraler Verlauf der Reflektivität bei verschiedenen Be-schichtungen

Abb. 9.5. Die Anforderungen verschiedener Wellenlängen sind eben *objektiv* nicht miteinander vereinbar. Und je mehr ich sie in einem engen Bereich „unter einen Hut bringe", desto stärker entfaltet sich dieser Widerspruch an anderer Stelle. Ich habe ihn nur dorthin verlagert, wo ich ihn nicht mehr so deutlich sehen kann – eine „bad bank" für Wellenlängen.

Die Anzahl der in Abb. 9.5 verwendeten Schichten variiert zwischen 1 und 4. Dabei zeigt sich, dass die optimale Beschichtung umso besser ist, je komplizierter sie aufgebaut ist – eine wenig verwunderliche Tatsache. Die Details der einzelnen optimalen Konfigurationen sind in Tab. 9.3 aufgeführt – von einem Nachbau zu Hause würde ich aber doch abraten, selbst wenn Sie genügend Tantal vorrätig haben sollten.

Durch Hinzunahme weiterer Materialien und die Erhöhung der Anzahl der Schichten ist es möglich, noch bessere Reflektivitäts-Werte zu erreichen. Allerdings verlieren sich die zugehörigen Konfigurationen in einem immer tieferen Meer möglicher Anordnungen. Auch dieses Dilemma hatten wir bereits beim N-Damen-Problem mit wachsendem N gesehen: Je größer die Dimension eines Problems, desto geringer ist der Anteil optimaler Lösungen an der Menge aller Konfigurationen und desto schwerer sind sie zu finden. Es bleibt daher bis heute ein Rätsel, wie die Werkstatt der Königin einen derart zauberhaften Spiegel hinbekommen konnte...

Literatur

1. Grimm J, Grimm W (2009) Die Kinder- und Hausmärchen der Brüder Grimm. Beltz Der Kinderbuch Verlag, Weinheim
2. Dittes F-M (2021) Komplexität – Warum die Bahn nie pünktlich ist. Springer-Verlag, Berlin Heidelberg
3. Jahns H: Sterne und Weltraum (April 2007) 84–89

Alles super? Optimal im Kleinen wie im Großen

10

Zusammenfassung

Zwei Extremalprinzipien, das Prinzip der kürzesten Zeit und das der minimalen Wirkung, führen in diesem Kapitel zu einer Erörterung der Frage nach der Schönheit der Welt.

10.1 Immer in Eile: der intelligente Lichtstrahl oder das Prinzip der kürzesten Zeit

Man könnte meinen, das Streben nach optimalen Lösungen sei eine rein menschliche Eigenschaft – oder zumindest eine der belebten Natur: Filigran passen sich Lebewesen an die Anforderungen ihrer Umwelt an, selbst unter unwirtlichsten Bedingungen schaffen sie es zu überleben. Oder nehmen wir den Menschen: Er tüftelt und erfindet immer neue Werkzeuge und Technologien, die sein Dasein erleichtern und optimiert neuerdings sogar sein eigenes Aussehen.

Erstaunlicherweise ist aber auch die *unbelebte* Natur in einem gewissen Sinne optimal. Ein einfaches Beispiel soll im Folgenden als Illustration dienen, einem wesentlich allgemeineren Prinzip ist der nachfolgende Abschnitt gewidmet.

Betrachten wir dazu einen Lichtstrahl, der von einem Medium in ein anderes eintritt, sagen wir aus Luft in Wasser. Aus der

© Springer-Verlag GmbH Deutschland, ein Teil von Springer
Nature 2022
F.-M. Dittes, *Optimierung*, Technik im Fokus,
https://doi.org/10.1007/978-3-662-64906-0_10

alltäglichen Erfahrung wissen wir, dass er dabei einer *Brechung* unterliegt: Er bekommt einen „Knick". Infolge dieser Brechung erscheinen uns auch in andere Medien getauchte Gegenstände geknickt, verschoben oder vergrößert – der in ein Wasserglas gelehnte Löffel gibt ein gutes Beispiel ab.

Warum aber verläuft der Lichtstrahl gerade so geknickt? Können wir eine *grundsätzliche* Erklärung für sein Verhalten angeben, und wenn ja – können wir dann auch seinen *konkreten* Weg berechnen? Gibt es also *ein* Prinzip, aus dem die zahllosen experimentellen Befunde zur Lichtbrechung abgeleitet werden können? Man gelangt erstaunlich schnell zu einer Antwort, wenn man versucht, sich in den Lichtstrahl „hineinzuversetzen", d. h. zu fragen: Was würde ein Mensch an seiner Stelle tun?

Bereits in Abschn. 5.6 und 8.1 hatten wir durch die Verwendung von Begriffen aus unserem Alltag ein besseres Verständnis komplexer Systeme erreicht. Jetzt spreche ich in der Überschrift des Abschnitts gar vom „intelligenten" Lichtstrahl. Natürlich ist auch das nicht wörtlich zu nehmen. Im Zusammenhang mit einem elementaren physikalischen Objekt von Intelligenz zu reden, kann nicht ernst gemeint sein – wo doch selbst wesentlich komplizierteren Gebilden diese Fähigkeit nicht immer eigen zu sein scheint. Die vermenschlichende Sprechweise hilft aber auch hier, sich in den Lichtstrahl „hineinzudenken" und dadurch sein „Verhalten" (schon wieder so ein Begriff!) sogar *quantitativ* zu erfassen.

Stellen wir uns dazu vor, der Lichtstrahl wollte von dem mit „Start" bezeichneten Punkt, s. Abb. 10.1, zum Punkt „Ziel" gelangen, und er möchte das – Achtung, menschliches Denkmuster! – möglichst *schnell*. Er ist sich aber unschlüssig, welchen Weg er einschlagen soll – in der Abbildung sind verschiedene Möglichkeiten dargestellt. Jeder Weg kostet eine bestimmte Zeit – sie ergibt sich als Summe der Zeit, die er im ersten Medium verbringt, und der, die er im zweiten braucht. Nun ist die Lichtgeschwindigkeit in Wasser aber um ein Viertel kleiner als die in Luft und der Lichtstrahl kommt dort entsprechend langsamer voran. Er wird also versuchen, so wenig wie möglich Zeit im Wasser zu verbringen – allerdings nicht um jeden Preis: so „wasserscheu" er auch ist, der Umweg in der Luft sollte sich in Grenzen halten.

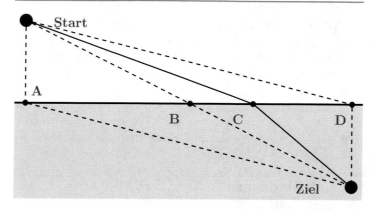

Abb. 10.1 Denkbare Wege eines Lichtstrahls beim Übergang von einem Medium in ein anderes. Das Ziel wird am schnellsten erreicht, wenn der Verlauf dem klassischen Brechungsgesetz entspricht (Weg durch Punkt C)

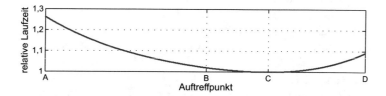

Abb. 10.2 Laufzeit des Lichtstrahls in Abhängigkeit vom Auftreffpunkt

Es erweist sich, dass weder das senkrechte Auftreffen auf die Wasseroberfläche im Punkt A, noch der durch Punkt D führende Weg mit kurzer Strecke im Wasser zur minimalen Laufzeit führen – und auch nicht das geradlinige Ansteuern des Ziels über Punkt B. Als optimal erweist sich der durch Punkt C verlaufende „gebrochene" Weg. Dabei darf dieser Punkt nicht *irgendwo* auf der Grenzfläche zwischen Luft und Wasser gewählt werden, sondern gerade so, dass das klassische Brechungsgesetz für Einfalls- und Ausfallswinkel gilt. Das ist in Abb. 10.2 gezeigt, in der die Gesamtzeit von Wegen durch verschiedene Punkte dargestellt ist: das Minimum liegt genau bei C!

Auf den Gedanken, das Brechungsgesetz aus der Forderung nach Minimierung der Laufzeit des Lichtes abzuleiten, kam zuerst der französische Mathematiker und Jurist Pierre des Fermat

(1607–1665) – berühmt nicht zuletzt aufgrund seines „Großen Satzes", für dessen Beweis die Mathematiker mehr als 3½ Jahrhunderte gebraucht haben [1]. Das in diesem Abschnitt diskutierte Verhalten des Lichts wird daher auch als Fermatsches Prinzip bezeichnet.

Ist der Lichtstrahl also intelligent? Ups, ich wollte mich doch mit der Vermenschlichung etwas zurückhalten und den Begriff nicht mehr in den Mund nehmen. Vielleicht ist er einfach nur faul.

10.2   Auf krummen Touren: die optimale Wirkung

Im vorigen Abschnitt hatten wir gezeigt, dass die Bahn des beschriebenen Lichtstrahls aus dem Prinzip der kürzesten Zeit abgeleitet werden kann. Es stellt sich heraus, dass dies lediglich ein Spezialfall eines viel allgemeineren Extremalprinzips ist.

Um das zu illustrieren, betrachten wir den Wurf eines Gegenstands, sagen wir eines Balls, wie ihn die durchgezogene Linie in Abb. 10.3 darstellt. Er beschreibt eine glatte Kurve, die *Wurfparabel*. Kein Stein fliegt im Zickzack, macht Loopings oder bewegt sich entlang einer der anderen in der Abbildung dargestellten Kurven. Die Wurfparabel kommt uns „natürlich" vor, ist aber in Wahrheit die Folge der Existenz dieses allgemeinen Prinzips!

Aber was wird da eigentlich optimiert? Und man möchte hinzufügen – warum? Welcher Art also ist die Zielfunktion, deren Optimum den dargestellten Verlauf aufweist? Es ist die *Wirkung*, eine physikalische Größe, die sich aus dem Produkt von Energie und Zeit ergibt. Ihren Namen erhielt sie aus der Analogie zu *Einwirkungen* in unserem Alltag: Der Nutzen, oder auch der Schaden, der durch einen äußeren Einfluss auf einen Gegenstand entsteht, wächst sowohl mit der *Dauer* der Einwirkung, als auch mit deren Intensität, die ihrerseits proportional zur *Energie* ist.

Kommen wir zurück zu unserem Beispiel, dem schrägen Wurf. Warum, könnte man fragen, sollte denn der Ball nicht geradlinig losfliegen, dann ein Stück auf konstanter Höhe bleiben, um schließlich zur Landung anzusetzen? Flugzeuge machen es schließlich auch so und verbringen den größten Teil ihrer Flugbahn auf ein und derselben Höhe. Und warum sollte er nicht auch noch zwischendurch Purzelbäume schlagen wie in der Abbildung angedeutet, wenn ihm danach zumute ist – Fußballer und andere Menschen machen das doch auch, manchmal sogar rückwärts.

Die Antwort ist immer die gleiche: Es würde gegen das *Prinzip der kleinsten Wirkung* verstoßen. Was uns *natürlich* vorkommt, passiert in der Form nur, weil die Natur optimal ist. So weist die trapezförmige „Flugbahn" (obere gestrichelte Linie in Abb. 10.3) eine um 12,5 % größere Wirkung auf als die Wurfparabel, eine flach über dem Boden verlaufende Kurve (untere gestrichelte Linie) würde sogar 50 % mehr Wirkung „beanspruchen" und mit jedem Schnörkel ähnlich dem punktiert gezeichnete Looping würde sich dieser Wert noch vergrößern.

Damit kommen wir zur Beantwortung der Frage nach dem *Warum*? Es scheint so, als würde die Natur – was immer das auch sein mag – ihre Ressourcen schonen. Man muss ihr dabei nicht unbedingt ein *Ziel* unterstellen, z. B. „so viel wie möglich erreichen zu wollen". Sie arbeitet offenbar einfach effizient – egal, wohin das führt.

Eine Einschränkung muss allerdings angefügt werden: Was ich soeben als Prinzip der *minimalen* Wirkung bezeichnet habe, lässt sich in dieser Strenge nicht aus den Grundprinzipien der Physik ableiten. Zwar ist es in den gezeigten Beispielen, dem Lichtstrahl beim Übergang von einem Medium in ein anderes und dem schrägen Wurf, in der Tat ein *Minimum* der Wirkung, das wir beobachten. Es gibt aber auch Situationen, in denen es ein Maximum oder

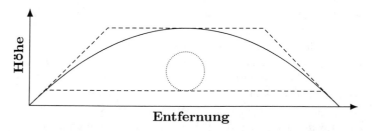

Abb. 10.3 Verschiedene Denkmöglichkeiten einen schrägen Wurf auszuführen. Die Wurfparabel der klassischen Mechanik (durchgezogene Linie) weist unter allen Wegen vom Start zum Ziel die minimale Wirkung auf

einer der Sattelpunkte sein kann, die wir bei der Beschreibung mehrdimensionaler Oberflächen kennengelernt haben (s. Abb. 3.5). Die Physik kann nur garantieren, dass in allen Situationen der *Anstieg* der Wirkung, also ihre Ableitung nach allen möglichen Richtungen, verschwindet, dass wir es also mit einem *stationären Punkt* zu tun haben. Die Natur betrachtet offenbar nur die erste Ableitung und versucht diese auf null zu führen. Aber das ist doch auch schon bemerkenswert, oder?

10.3   Die beste aller möglichen Welten: wirklich?

Spätestens seit dem 17. Jahrhundert gingen die Philosophen der Frage nach, wodurch sich unsere Welt von anderen denkbaren Welten unterscheidet, ja ob man überhaupt andere Welten *denken* kann. Der große Geist der frühen Aufklärung Gottfried Wilhelm Leibniz (1646–1716) brachte es auf die Formulierung, dass unsere Welt „die beste aller möglichen Welten" sein müsse [2]. Sie wäre ja schließlich von einem Gott erschaffen worden, und da sei doch sicher nur beste Qualität zu erwarten.

Von der Philosophie kam der Gedanke in die Naturwissenschaften, wo die Schönheit und Einfachheit der Naturgesetze ins Auge stach. $F = m \cdot a$, $v = s/t$ – geht es einfacher? Das im vorigen Abschnitt illustrierte Prinzip der kleinsten Wirkung – geht es schöner? Dass aus diesen einfachen Gesetzen eine komplexe Welt aufgebaut werden kann, grenzt an ein Wunder – auch wenn die Schönheit in vielen realen Vorgängen unserer Welt dann doch etwas zu wünschen übrig lässt.

Selbst im 20. Jahrhundert, als Relativitätstheorie und Quantenmechanik der einfachen Newtonschen Mechanik bereits ihre Grenzen aufgezeigt hatten, war das Streben nach Schönheit immer noch Richtschnur der wissenschaftlichen Erkenntnis. Der geniale deutsche Mathematiker, theoretische Physiker und Philosoph Hermann Weyl (1885–1955) formulierte nicht ohne Grund: „In meiner Arbeit habe ich immer versucht, das Wahre mit dem Schönen zu vereinen; wenn ich mich über das Eine oder das Andere entscheiden musste, habe ich stets das Schöne gewählt" [3].

Aber ist das nicht eine etwas naive Einstellung? Waren nicht schon die alten Griechen fasziniert von der „Sphärenharmonie": überzeugt, dass sich die Himmelskörper auf durchsichtigen Kugeln bewegen, in deren Mittelpunkt unsere Erde steht? Schön, nicht? Nur leider zu einfach! Die Sphären zerbrachen im Laufe der Zeit, die Planeten wollten sich partout nicht an die einfachen Gesetze halten. Auch erwies sich die Erde nicht als Mittelpunkt der Welt, und der Mensch nicht als das Wesen, um das sich alles drehen muss – auch wenn manche Zeitgenossen nach wie vor nur zu gern im Mittelpunkt stehen.

Und   heute?   Quantenverschränkung,   Gravitationswellen, dunkle Materie … Einfach ist das nicht, aber vielleicht schön? Jedenfalls nicht so schön, als dass man sich nicht eine bessere Welt vorstellen könnte. Und – wer weiß – vielleicht gibt es sogar eine. Die Kosmologen untergraben gerade aufs Neue den leider allzu naiven Traum von der Einzigartigkeit unseres Daseins und erörtern ganz im Ernst die Möglichkeit der Existenz einer ungeheuren Anzahl anderer Welten neben der unseren.

Sie tun das im Kleinen wie im Großen: Nicht nur, dass immer mehr Sterne entdeckt werden, um die Planeten „wie bei uns" kreisen. Auch zahlreiche erdähnliche Planeten sind schon darunter. Selbst wohl temperiert soll es dort sein, das Wasser als erste Voraussetzung für eine biologische Evolution nicht zu warm und nicht zu kalt, sodass Pflanzen und Tiere entstehen könnten, vielleicht sogar denkende. Nein, auch die Einzigartigkeit des gesamten *Universums* stellen sie in Frage. Neben dem *einen* Weltall, das wir sehen, soll es noch unzählige andere „Weltäller" geben (der Duden sieht leider noch keine Pluralform dafür vor) – ungefähr 10^{500} sollen es sein. Und 10^{500} ist eine sehr große Zahl, es ist z. B. 10-mal mehr als 10^{499}, und das ist schon viel … Aber das wissen Sie ja schon aus der „Komplexität" [4].

Die meisten dieser Universen scheinen recht lebensfeindlich zu sein und ihr Schicksal hängt von vielen, vielen Parametern ab – ganz so, wie alle Optimierungsprobleme in diesem Buch. Nehmen wir zum Beispiel die Stärke der Gravitation. Wäre sie zu groß, würden wir nur schwer „hochkommen", das Weltall hätte sich nicht ausdehnen können. Wäre sie aber zu klein, würden wir im wahrsten Sinne des Wortes „keinen Fuß auf den Boden kriegen". Oder nehmen wir das Verhältnis der Massen von Proton und Neutron, der zwei Bausteine der Atomkerne. Die Physiker sagen, dass wir in unserem Weltall großes Glück gehabt haben: Ein nur um Bruchteile eines Prozents anderes Verhältnis, und es gäbe keine Kernfusion, damit auch keine wärmespendenden Sonnen und so auch keine Planeten um sie herum. Und so konstruieren sie noch eine ganze Reihe von Voraussetzungen für die Entwicklung von Leben, gar von intelligentem: eine lang anhaltende Ausdehnung des Kosmos, nicht zu viel und nicht zu wenig Materie usw. usf.

All das ist in unserem Universum realisiert. Zufall oder nicht? Wer weiß? Optimal oder nicht? Wer weiß? Wenn auch vielleicht nicht die beste aller Welten, eine gute ist sie allemal! Und ob sie unter all diesen Welten die schönste ist? Schwer zu sagen – vielleicht warten wir zur Bestimmung der oder des Schönsten lieber doch den ersten „Miss und Mister Multiversum"-Wettbewerb ab!

Literatur

1. Singh S (2000) Fermats letzter Satz – Die abenteuerliche Geschichte eines mathematischen Rätsels. dtv Verlag, München
2. Leibniz GW (2008) Monadologie. Akademie Verlag, Berlin
3. Zitat im Hermann-Weyl-Zimmer der ETH Zürich
4. Dittes F-M (2021) Komplexität – Warum die Bahn nie pünktlich ist. Springer-Verlag, Berlin Heidelberg

Zum Schluss: die Schönheit des Optimums

Zusammenfassung

Wir haben unsere Reise durch das Reich der Optimierung nun abgeschlossen. Ich hoffe, ich konnte Ihnen einen Eindruck von der Vielfalt der uns umgebenden Optimierungsprobleme vermitteln und Anregungen zu deren Lösung geben. Vielleicht probieren Sie das eine oder andere davon bei Gelegenheit einmal aus und machen Ihr Leben damit ein wenig optimaler.

Herzlichen Glückwunsch! Sie haben unsere Reise durch die Welt der Optimierung bis zum Ende durchgehalten! Unterwegs sind wir an manch schwer zu bewältigender Klippe vorbeigekommen, durch zerklüftete Landschaften gestreift und mit vielen Problemen fertig geworden.

Wir haben gelernt, dass „das Beste" nicht im Wolkenkuckucksheim gesucht werden kann, sondern immer als das unter den gegebenen Umständen Erreichbare verstanden werden muss. Paradiesische Zustände, in denen Wölfe und Lämmer friedlich zusammenleben (und die Wölfe trotzdem genug zu fressen haben), wird es nicht geben. Reale Systeme sind immer durch widerstrebende Wechselwirkungen und Ziele geprägt, selbst der optimale Zustand weist ein gewisses Maß an Frustration auf. Wir müssen

© Springer-Verlag GmbH Deutschland, ein Teil von Springer Nature 2022
F.-M. Dittes, *Optimierung*, Technik im Fokus,
https://doi.org/10.1007/978-3-662-64906-0_11

also mit *der* Welt zurechtkommen, in der wir leben, und sehen, wie wir unter den gegebenen Umständen, Randbedingungen, Kräfteverhältnissen und Möglichkeiten das Optimale erreichen.

Dafür habe ich Ihnen ein breites Spektrum an Denkansätzen vorgestellt. Wir sprachen von Algorithmen, Heuristiken, gar Metaheuristiken. Vielleicht probieren Sie das eine oder andere davon bei Gelegenheit einmal aus, sei es bei der Planung von Standorten oder Abläufen im Betrieb, beim Kofferpacken oder Plätzchenbacken.

Viele Fragen konnte ich nicht aufgreifen: die nach der Beurteilung der Komplexität von Optimierungsproblemen und -algorithmen, die nach den vielfältigen Möglichkeiten der Graphentheorie oder nach der Optimierung logischer Ausdrücke u. v. a. m. Anderes konnte ich nur streifen. Denn Optimierung ohne mathematische und programmtechnische Unterstützung, das geht dann doch nur bis zu einem gewissen Punkt. Ich hoffe jedoch, Ihr Interesse an Fragen der Optimierung gestärkt zu haben – in der weiterführenden Literatur finden Sie beliebig tiefgehende Fortführungen des hier Dargelegten.

Aber auch viel Schönes haben wir auf unserer Reise gesehen: Packungen, die ihren Namen glatt von Apoll haben könnten, Spingläser, die wie Diamanten aussehen oder Damen, die sich optimal über die Spielfläche verteilen. Zu guter Letzt sprachen wir sogar von der „schönsten aller Welten" und dem ihr zugrunde liegenden Extremalprinzip. Gerade weil die uns umgebende Welt häufig nicht optimal ist, sollten wir alles tun, damit uns ihre Schönheit erhalten bleibt!

Sie können sich auch gern fragen: Lebe ich optimal? bzw. nach der Lektüre dieses Buches: Ist mein Leben optimal für mich? Was sind meine Ziele? Was sind meine Möglichkeiten? Welche Nebenbedingungen muss ich beachten; sind diese starr oder flexibel? Wie finde ich zumindest in das nächstgelegene lokale Optimum?

Auch mir selbst muss ich die Frage stellen: War das gut, was ich hier gemacht habe? Gilt es doch auch beim Schreiben eines Buches, mehrere Ziele im Auge zu behalten: Es soll lehrreich und zugleich unterhaltsam sein, Bekanntes und zugleich Neues enthalten, möglichst ohne Fehler daherkommen und auch noch gefällig aussehen. Ein gleichsam mehrdimensionaler Spagat, der nicht einfach zu bewältigen ist. Ich hoffe dennoch, für den geneigten Leser und die interessierte Leserin wenigstens einigermaßen das Optimum getroffen zu haben.

Und wenn Sie jetzt ob der einen oder anderen Entscheidung oder Entwicklung in Ihrem Leben etwas nachdenklich geworden sind, erinnern Sie sich an den klugen Spruch: „Man muss sich einreden, dass es schön war, was man erlebt hat".

Und blicken Sie optimal, nein: optimistisch! in die Zukunft. Ich hoffe, dieses Büchlein konnte Ihnen ein wenig dabei helfen, das eine oder andere zum Besseren zu wenden. Allerdings, *das Beste* – das müssen Sie schon selbst daraus machen.

Danksagung

Dieses Buch wäre nicht möglich gewesen ohne meine Arbeit an verschiedenen Forschungseinrichtungen, an denen ich im Laufe der Jahre vielfältigste Optimierungsprobleme untersucht habe: am Helmholtz-Zentrum Dresden-Rossendorf, dem Max-Planck-Institut für Physik komplexer Systeme Dresden, dem Weizmann Institute of Science Rehovot/Israel und der Hochschule Nordhausen. Wichtige Anregungen erhielt ich darüber hinaus bei Aufenthalten am „Santa Fe Institute" in New Mexico, USA und in der „Engineering Risk Analysis Group" der Technischen Universität München.

Ganz herzlich danke ich meiner Frau Kerstin Dittes, die mich in jeder Beziehung unterstützt, manch gute Formulierung beigesteuert und viele wertvolle Hinweise gegeben hat. Von zahlreichen Freunden und Bekannten erhielt ich seit Erscheinen der ersten Auflage nützliche Tipps, insbesondere danke ich meinen guten Freunden Bernd Körner und Roland Müller für ihre konstruktive Kritik,

Dem Springer-Verlag gebührt mein Dank für die angenehme Zusammenarbeit.

Für die Möglichkeit, Schachbretter und -figuren in einem Schriftsatzprogramm zu zeichnen, bedanke ich mich bei den Autoren des Latex-Pakets „diagram", Thomas Brand und Stefan Höning.

Schließlich war es mir eine große Freude, zahlreiche Personen – reale wie märchenhafte – aufgrund ihres Charakters oder
ihrer Äußerungen in Bezug zur Optimierung bringen zu können.
Herzlichen Dank auch Ihnen allen!

Verwandte und weiterführende Literatur

1. Nordmann H (2000) Lineare Optimierung – ein Rezeptbuch. Quelle & Meyer, Wiebelsheim
2. Hafner S (Hrsg.) (1998) Industrielle Anwendungen Evolutionärer Algorithmen. Oldenbourg Wissenschaftsverlag, München
3. Papageorgiou M, Leibold M, Buss M (2015) Optimierung – Statische, dynamische, stochastische Verfahren für die Anwendung. Springer Vieweg, Wiesbaden
4. Hußmann S, Lutz-Westphal B (Hrsg.) (2007) Kombinatorische Optimierung erleben – in Studium und Unterricht. Friedr. Vieweg & Sohn Verlag | GWV Fachverlage GmbH, Wiesbaden
5. Jungnickel D (2015) Optimierungsmethoden – eine Einführung. Springer-Verlag, Berlin Heidelberg
6. Krumke SO, Martin A (2021) Diskrete Optimierung. Springer-Verlag, Berlin Heidelberg
7. Schäffler S (2014) Globale Optimierung – Ein informationstheoretischer Zugang. Springer-Verlag, Berlin Heidelberg

© Springer-Verlag GmbH Deutschland, ein Teil von Springer Nature 2022
F.-M. Dittes, *Optimierung*, Technik im Fokus,
https://doi.org/10.1007/978-3-662-64906-0

Stichwortverzeichnis

© Springer-Verlag GmbH Deutschland, ein Teil von Springer
Nature 2022
F.-M. Dittes, *Optimierung*, Technik im Fokus,
https://doi.org/10.1007/978-3-662-64906-0

Printed in the United States
by Baker & Taylor Publisher Services